辣 味

味道书院编委会　编著

中国大百科全书出版社

图书在版编目（CIP）数据

辣味 / 味道书院编委会编著 . -- 北京 ： 中国大百科全书出版社，2025. 1. --（味道书院）. -- ISBN 978-7-5202-1687-6

Ⅰ . TS264-49

中国国家版本馆 CIP 数据核字第 2025K0L552 号

总 策 划：刘　杭　郭继艳
策划编辑：韩晓玲
责任编辑：孙甲霞
责任校对：邵桃炜
责任印制：王亚青
出版发行：中国大百科全书出版社有限公司
地　　址：北京市西城区阜成门北大街 17 号
邮政编码：100037
电　　话：010-88390811
网　　址：http://www.ecph.com.cn
印　　刷：唐山富达印务有限公司
开　　本：710mm×1000mm　1/16
印　　张：10
字　　数：100 千字
版　　次：2025 年 1 月第 1 版
印　　次：2025 年 1 月第 1 次印刷
书　　号：ISBN 978-7-5202-1687-6
定　　价：48.00 元

总　序

　　这是一套面向大众、根植于《中国大百科全书》第三版（以下简称百科三版）的百科通俗读物。

　　百科全书是概要记述人类一切门类知识或某一门类知识的完备的工具书。它的主要作用是供人们随时查检需要的知识和事实资料，还具有扩大读者知识视野和帮助人们系统求知的教育作用，常被誉为"没有围墙的大学"。简而言之，它是回答问题的书，是扩展知识的书。

　　中国大百科全书出版社从1978年起，陆续编纂出版了《中国大百科全书》第一版、第二版和第三版。这是我国科学文化建设的一项重要基础性、标志性、创新性工程，是在百年未有之大变局和中华民族伟大复兴全局的大背景下，提升我国文化软实力、提高中华文化国际影响力的一项重要举措，具有重大的现实意义和深远的历史意义。

　　百科三版的编纂工作经国务院立项，得到国家各有关部门、全国科学文化研究机构、学术团体、高等院校的大力支持，专家、学者5万余人参与编纂，代表了各学科最高的专业水平。专家、作者和编辑人员殚精竭虑，按照习近平总书记的要求，努力将百科三版建设成有中国特色、有国际影响力的权威知识宝库。截至2023年底，百科三版通过网站（www.zgbk.com）发布了50余万个网络版条目，并陆续出版了一批纸质版学科卷百科全书，将中国的百科全书事业推向了一个新的高度。

　　重文修武，耕读传家，是我们中国人悠久的文化传承。作为出版人，我们以传播科学文化知识为己任，希望通过出版更多优秀的出版物来落实总书记的要求——推动文化繁荣、建设中华民族现代文明，努力建设中国式现代化强国。

为了更好地向大众普及科学文化知识，我们从《中国大百科全书》第三版中选取一些条目，通过"人居环境""科学通识""地球知识""工艺美术""动物百科""植物百科""渔猎文明""交通百科"等主题结集成册，精心策划了这套大众版图书。其中每一个主题包含不同数量的分册，不仅保持条目的科学性、知识性、准确性、严谨性，而且具备趣味性、可读性，语言风格和内容深度上更适合非专业读者，希望读者在领略丰富多彩的各领域知识之时，也能了解到书中展示的科学的知识体系。

衷心希望广大读者喜爱这套丛书，并敬请对书中不足之处给予批评指正！

《中国大百科全书》编辑部

"味道书院"丛书序

　　味道，是人类与环境世界互动的桥梁之一。它不仅赋予我们美食的享受，也是文化传承、情感交流以及生活体验的重要组成部分。从古至今，人们对味道有着无尽的好奇心和探索欲，"味道书院"丛书便是为满足这种好奇心而诞生。

　　这套丛书将带领读者走进一个丰富多彩的味道世界，探索那些我们日常所熟知的味道背后隐藏的秘密。书中详细解析了酸、甜、苦、辣、咸、香、臭这7种味道是如何被我们的感官捕捉，又是怎样影响着我们的生活选择与健康状态。每一种味道都有其独特的魅力和意义：酸不仅仅是醋的味道，它还能在一杯发酵乳酸饮料中唤醒你的清晨；甜不只是糖的甜蜜，它还能是家人团聚时的一块蛋糕带来的温馨；苦不是药物的专利，它能在一杯精心烘焙的咖啡中找到深邃与回味；辣，不仅是辣椒带来的热辣刺激，它还是中国饮食文化中的一个小小符号；咸是大海的味道，它能在一口鲜美的海鲜中让你感受到大自然的馈赠；香不是香水的专属，它还是花朵散发的让你陶醉的芬芳气息；臭不只是臭虫爬过后留下的令人皱眉的异味，它还是特定美食中承载的文化记忆与独特风味。

　　此外，"味道书院"丛书还特别关注现代社会中新兴的味道概念及其应用领域，如甜味剂这类人工调味品的研发进展，以及由谷氨酸等氨基酸引发的海鲜味道是如何被生产出来的，等等。这些内容不仅体现了科学技术的进步，也反映了人们对于愈加丰富多样的味觉体验的追求。

为了便于读者全面地了解味道的本质及其在生活中的广泛应用，编委会依托《中国大百科全书》第三版中食品科学与工程、化学、生物学、中医药、园艺学、渔业等多学科的权威内容，精心策划并推出了"味道书院"丛书。采用图文并茂的形式，将复杂的科学知识转化为易于理解的内容，适合广大读者阅读，为读者提供了一个深入了解和全面认识味道科学的平台。

味道书院丛书编委会

目　录

第3章 辣味药材 45

第4章 辣椒产地 113

第5章 忌辣的疾病 125

序
辣味

辣味是因辛香料中部分成分刺激产生的刺痛感和灼烧感的总和。

辣味不是味蕾感受到的味觉，而是疼痛的感觉。辣味不仅刺激舌和口腔的味觉神经，同时也会刺激鼻腔、胃部、皮肤等有神经的部位。为了平衡辣味造成的疼痛，人体会分泌内啡肽，消除疼痛的同时在人体内制造了快感，人们把这种感觉误认为来自辣味本身，故很多人喜欢辣味。食物适当的辣味有增进食欲、促进消化分泌的功能，在食品调味中已被广泛应用。

味觉区

味觉区是大脑皮质执行味觉功能的核心部分，位于中央后回下端，即额叶转入外侧沟内面的岛盖皮质和岛叶皮质前部（布罗德曼43区）。

酸、甜、苦、辣、咸等味觉通过位于舌的味觉感受器（味蕾）经面神经、舌咽神经和迷走神经传入孤束核的上段（味觉核）中继后，再经丘脑腹后内侧核的小细胞部，最后到达岛盖皮质和岛叶皮质前部的味觉区。研究表明，味觉感受器针对每种味觉都有其特异的受体，每种受体都可以发送特定的信号到大脑的味觉区，从而激活味觉区特定的神经元形成不同的味觉。实验证明，去除猴的此处皮质，会引起味觉障碍；刺激清醒患者此区，可产生味觉。

第 1 章

辣味调料

姜

姜是姜科姜属多年生宿根草本植物。又称生姜。作一年生蔬菜栽培，以根状茎供食用。

姜原产于东南亚，栽培地区主要分布在亚洲的热带至温带。

姜的植株

◆ **形态特征**

姜的植株高 60 ～ 80 厘米，地上茎为假茎，由叶鞘组成，从地下根

姜的根状茎

姜的花

状茎两侧发生指头状分枝。根状茎肉质，黄色。叶披针形。一般不开花，在热带地区当根状茎瘦小时才抽花茎，顶端着生淡黄色花苞。

◆ 栽培

姜性喜温暖，植株生长适温为22～25℃，5℃以下生长停止。适宜各种土壤，但以微酸性肥沃砂壤生长最好。在热带地区，春季随时可从姜田拔取姜苗栽种，或掘出姜株分株繁殖；亚热带及温带则用根状茎作种繁殖。一般在25～28℃催芽，待芽长1～2厘米时播种。喜阴而不耐强光，出苗前后需遮阴，秋凉时拆除。种姜在栽培过程中并不会烂掉，前期所含的养分用于形成姜苗；中后期又从姜苗获得养分，形成老姜。当年形成的根状茎，通称嫩姜。老姜耐贮藏，辣味浓，商品价值和调味品质均优于嫩姜。主要病害为姜腐病，通称姜瘟，可通过排水、选用无病姜块作种和轮作等方式进行防治。

◆ 用途

姜含有挥发油和姜辣素，即姜油酮（$C_{11}H_{14}O_3$）和姜油酚（$C_{17}H_{20}O_2$），具有独特香辣味，是重要的调味品。可酱渍、糖渍、制姜干和提取姜油。

中医学上姜还具有健胃、祛寒、发汗和解毒等药效。

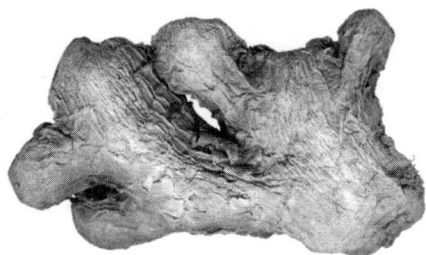

姜块

生　姜

生姜是姜科植物姜的新鲜根茎。辛温解表药。又称姜根、百辣云。始载于《名医别录》。

◆ 产地和分布

生姜产于中国中部、东南部至西南部。秋、冬二季采挖，除去须根和泥沙。选肥大无嫩芽的新鲜姜切片，用沸水烫 5 ～ 6 分钟，使姜内的淀粉润洁，经过烘干即得姜片干成品。商品药材主要来自栽培。

◆ 性状

生姜呈不规则块状，略扁，具指状分枝，长 4 ～ 18 厘米，厚 1 ～ 3 厘米。表面黄褐色或灰棕色，有环节，分枝顶端有茎痕或芽。质脆，易折断，断面浅黄色，内皮层环纹明显，有维管束散在。气香特异，味辛辣。

◆ 药性和功用

生姜味辛，性微温，归肺、脾、胃经。具有解表散寒、温中止呕、化痰止咳、解鱼蟹毒功能，用于风寒感冒、胃寒呕吐、寒痰咳嗽、鱼蟹中毒。

◆ **成分和药理**

生姜主要含挥发油（姜醇、α-姜烯、β-水芹烯等）、姜辣素、二苯基庚烷和黄酮等，具有解热、镇痛、止吐、促进消化液分泌、保护胃黏膜、抗溃疡等作用。

◆ **用法和禁忌**

生姜为常用解表药，辛散温通，能发汗解表、祛风散寒，但作用较弱，故适用于风寒感冒轻证，可单煎或配红糖、葱白煎服。生姜更多是作为辅助品，与桂枝、羌活等辛温解表药同用，可增强发汗解表之力。与高良姜、胡椒、豆蔻等温里药同用，对寒犯中焦或脾胃虚寒之胃脘冷

生姜饮片

痛、食少、呕吐，可祛寒开胃、止痛止呕。对脾胃气虚者，宜与人参、白术等补脾益气药同用。若痰饮呕吐者，常配伍半夏；对胃热呕吐者，可配黄连、竹茹、枇杷叶等清胃止呕药。某些止呕药用姜汁制过，能增强止呕作用，如姜半夏、姜竹茹等。对于肺寒咳嗽，不论有无外感风寒，

或痰多痰少，皆可选用生姜。治疗风寒客肺、痰多咳嗽、恶寒头痛者，常与麻黄、杏仁同用。对外无表邪而痰多者，常与陈皮、半夏等药同用。此外，生姜对生半夏、生南星等药物之毒，以及鱼蟹等食物中毒，均有一定的解毒作用。

生姜块茎

煎服用量 3 ～ 10 克。生姜助火伤阴，故热盛及阴虚内热者忌服。

另外，生姜皮为生姜根茎切下的外表皮，性味辛、凉，能行水消肿，主要用于水肿、小便不利，煎服用量 3 ～ 10 克。生姜汁为生姜捣汁入药，功同生姜，但偏于开痰止呕，便于临床应急服用。如天南星、半夏中毒的喉舌麻木肿痛或呕逆不止、难以下食者，可取汁冲服；也可配竹沥用于治疗中风卒然昏厥者，冲服或鼻饲给药，用量 3 ～ 10 滴。

辣　椒

辣椒是茄科辣椒属一年生草本。在热带可为多年生灌木。又称番椒。以果实供食用。

辣椒原产于南美洲的秘鲁,在墨西哥驯化为栽培种,15世纪传入欧洲,明代传入中国。清陈淏子《花镜》有"番椒……丛生白花,深秋结子,俨如秃笔头倒垂,初绿后朱红,悬经可观,其味最辣"的记载。世界各地都有种植。

◆ **形态和类型**

辣椒根系不发达。茎直立,高30～150厘米。单叶互生,卵圆形,叶面光滑。主茎抽生6～15片叶时着生一朵花,单生或簇生;花多为白色,自花传粉,但天然异交率可达10%左右。浆果,汁少。细长形果实多为2室,圆形及扁圆形果实多为3～4室。种子多数着生在中轴胎座上,胎座不发达,且硬化,形成空腔。果面平滑或皱褶,具光泽。果实呈扁圆、圆柱、圆球、长角、圆锥或线形,大小差别显著。牛角椒和线椒的纵径达30厘米,大甜椒的横径达15

辣椒的植株

厘米以上,而细米椒则小如稻谷。单生果一般下垂,少数向上;簇生果多向上,个别下垂。大型果一般单生,每株结果数少;小型果结果数多,有的品种一株可结200～300个。果实在成熟过程中有明显的色素变化。青熟果老熟时因叶绿素含量迅速下降、茄红素增加而由绿色转为红色果;以胡萝卜素为主要色素的果实老熟时则形成黄色果。作观赏用的"五彩椒"因同一株上同时生有转色期间不同颜色的果实而得名。辣椒的辛辣味来自果实组织中的辣椒素（$C_{18}H_{27}NO_3$），其含量在果实成熟过程中逐渐增加，至果实红熟时达最高。小型果的辣椒素含量一般高于大型果。辣味浓度以中国云南思茅、瑞丽等地的涮辣椒为较高，朝天椒、细米椒次之，牛角椒、线辣椒又次之，大甜椒辣味较淡。

簇生辣椒果实

线形辣椒果实

　　常栽培的辣椒有 5 个种：一年生辣椒、灌木状辣椒、中国辣椒、下垂辣椒、柔毛辣椒。其中一年生辣椒的栽培面积最大，其有 5 个主要变种：灯笼椒、长椒、圆锥椒、簇生椒、樱桃椒。染色体数均为 $2n = 24$。一般在高纬度及高海拔地区盛产灯笼椒；低纬度及低海拔地区盛产长椒、圆锥椒和簇生椒。中国的栽培品种以灯笼椒、长椒和圆锥椒较多，簇生椒较少，樱桃椒很少栽培。辣椒的消费在不断发生变化，中国北方以消费甜椒为主，变化不大；南方的辣椒消费量变化较大，以前以牛角椒和羊角椒为主，至 2017 年线椒的消费量大增，螺丝椒的消费量也在慢慢增加（螺丝椒之前主要在西北地区消费）；江苏和重庆以消费泡椒为主。市场上销量较大的有以下类型：甜椒、线椒、牛角椒、羊角椒、螺丝椒、泡椒、朝天椒和美人椒等。以鲜椒供食用的品种要求果大、肉厚；供制干椒用的品种要求果肉薄、色深红且具光泽，含油分多，辣味浓。

◆ 圆锥形辣椒果实栽培

辣椒属喜温作物，不耐霜冻。灯笼椒对高温的适应性较差，长椒、簇生椒则耐热力较强。生长适温为 15 ～ 30℃，果实发育和转色需 25℃以上，夜温以 15 ～ 20℃为宜，温度过高易致植株衰老。日温低于 15℃或高于 35℃时易落花。温度适宜时不论日照长短，花芽都可分化。露地栽培时，一般于晚秋或冬季利用温床、冷床或塑料大棚育苗，晚霜期过后栽植，以提早结果，提高产量。植株开展度不大，叶片较小，适宜丛植和密植。对土壤的适应性较广，耐旱力和耐瘠力较强。干制用辣椒栽培在瘠薄丘陵地时辣味更浓，但适当施肥有利于高产。供鲜食用的灯笼椒及牛角椒则要求较多的肥料及水分。氮和磷对花的形成有良好作用，而钾则对促进果实膨大有益。利用温室、塑料大棚栽培，可促使早熟。

◆ 用途

辣椒素有兴奋作用，能增进食欲，帮助消化。果实中含多种维生素，以维生素 C 含量最高，每 100 克鲜重含量可达 150 ～ 200 毫克，在蔬菜中居首位。红熟椒的维生素 C 含量高于青椒。鲜椒干制后，其中的维生素 C 被破坏，罐藏则能充分保存。甜椒果实中含糖和果胶物质较多，干物质较少。一般以未成熟的青椒及大中果型的红熟椒作鲜菜用，以味辣的小果型红熟干椒及辣椒粉作调料或医药用。用于干制的多为线椒和朝天椒。干辣椒及辣椒粉是中国重要的出口产品。

涮　辣

涮辣是茄科辣椒属植物。又称涮涮辣、涮汤辣、象鼻辣。

涮辣是中国境内最辣的辣椒，也是世界范围内最辣的辣椒之一，与印度魔鬼椒不相上下。产于中国云南德宏、保山、思茅、西双版纳、临沧及缅甸北部的亚热带山区。当地居民通常用它调味，吃的时候只要把新鲜或晒干的果实划破，在热汤中涮一下，整锅汤即有辛辣味，可以反复使用，因而得名。

◆ **形态特征**

涮辣株高 50 ～ 100 厘米，开展度 1.0 ～ 1.5 米。茎叶绿色，茎节处略带紫色。叶片阔卵形或椭圆状阔卵形，叶缘浅波状。花小，单生或 2 ～ 3 朵簇生，花冠黄白色，花梗偏斜，花朵呈下垂状，花萼绿色，花柱白色，柱头较长并高出花药。果实长卵状圆锥形，果面粗糙有棱沟并有疙瘩状突起，绿熟果呈绿色，生理成熟后呈鲜红色，长 3.7 ～ 7 厘米，宽 2 ～ 3 厘米，单果重 5 ～ 6 克。种子少。

◆ **生长习性**

涮辣根系发达，吸收能力强，较耐旱，怕涝、怕霜、抗病性差。耐瘠，喜山地、生地。营养过多，尤其是氮素过多时，植株容易徒长而不结果。生长发育适温比一般辣椒稍高，在云南，海拔 1400 米以下、年均温 16.5℃以上的亚热带气候条件最为适宜。

◆ 栽培

涮辣零星栽培可与玉米套作。露地一般 2～3 月播种，4～5 月定植。采用保温设施育苗，可提早至 11 月下旬播种，翌年 1 月下旬假植，3 月下旬定植。起畦种植，每畦种植 2 行，每塘种 1 株，株行距 60 厘米 ×80 厘米。苗期适当控制肥水，防止徒长。果实变为橘黄色或红色时即可采收，采摘期为 5 月下旬至 10 月上旬。

◆ 用途

涮辣的果实辣味极强，辣椒素含量高达 3.54%，是一般辣椒的 10 倍。辣椒素及其类似物具有降低血压和胆固醇、消炎止痛及改善食欲的功效，用涮辣浸泡后的米酒可外用于治疗风湿性关节炎。由于辣椒素含量高，其在农药、医药、食品添加剂等领域具有广阔的开发利用前景。可用于制作镇痛、消炎、治冻伤、止痒、杀菌、祛风湿等多种外用药物（贴剂、喷剂、擦剂等）；在农业生产中用作环保型绿色生物农药，具有良好的触杀、驱避作用；添加到电线、电缆、光缆护套中可防止老鼠、白蚁的食蚀伤害；还可用于制造催泪弹等警用防卫武器。

辣 根

辣根是十字花科辣根属多年生直立草本植物。又称马萝卜。

辣根原产于欧洲东部和土耳其，已有 2000 多年的栽培历史。

◆ 形态特征

辣根高达 1 米，全体无毛。根肉质肥大，纺锤形，白色，下部分枝。肉质根圆柱形，外皮黄白色，厚而粗糙，肉白色。根周具 4 列须根，有不定芽。茎粗壮，表面有纵沟，多分枝。茎短缩，多侧芽。叶簇生，披针形或长椭圆形，叶缘具缺刻。总状花序，小花白色。角果。不易获得种子。

辣根的植株

◆ 栽培

喜冷凉，越冬时地上部枯死。较耐旱，不耐涝。适宜土层深厚、保水保肥力强的砂壤土，以 pH 为 6 的微酸性土壤较好，忌连作。采用根段繁殖。春秋季均可种植，但以春季为好。一般在 11 月或翌年萌芽前采挖，但以第二年秋季采挖产量最高。

辣根的花

◆ **用途**

富含各种维生素和铁、钙、磷、钴、锌等矿物质。辣根叶含葡萄糖异硫氰酸酯，其主要成分为葡萄糖异硫氰酸烯丙酯，又称黑芥子苷，还含少量的葡萄糖异硫氰酸苯酯等，具有强烈的辛辣味，可增进食欲，增强人体免疫功能。全植株含挥发油及芥子油。种子含脂肪油和生物碱。主要用作调料，似芥末味。具有利尿、兴奋神经的功效，药用内服作兴奋剂。

蒜

蒜是百合科葱属一年生或二年生草本植物。又称蒜头、胡蒜、葫。以鳞茎（蒜头）、花茎（蒜薹）、幼株（蒜苗或青蒜）作为传统蔬菜和重要调味品。

蒜原产于亚洲西部或欧洲，世界各国均有分布。汉朝时从西域引入中国，南北普遍栽培，主产区分布在山东、江苏、四川、云南等地。

蒜的叶

蒜的鳞茎（蒜头）

◆ 形态特征

蒜是浅根性作物，线状须根无主根；短缩茎周围长出须根，数量 50～100 条，长 30～50 厘米，主要根群分布在 5～25 厘米土层，横展范围 30 厘米。鳞茎（蒜头）球形至扁球形，由 6～10 个肉质、瓣状的小鳞茎（蒜瓣）紧密排列组成，外包灰白色或淡紫色的膜质鳞被。按照蒜头外皮的色泽，可分为紫皮蒜和白皮蒜。叶基生，叶鞘管状，叶身宽条形至条状披针形，扁平，顶端长渐尖，比花葶短，宽可达 2.5 厘米；叶鞘相互套合形成假茎，具有支撑和营养运输的功能。花茎直立，高约 60 厘米。伞形花序，花稠密常不结实，具苞片 1～3 枚，膜质；花被片 6，粉红色，椭圆状披针形；雄蕊 6，雌蕊 1。

◆ 生长习性

蒜属喜冷凉作物，尤其是发芽期和幼苗期适宜较低的温度。发芽始温为 3～5℃，发芽及幼苗期最适温度为 12～16℃。花芽、鳞芽分化期适宜温度为 15～20℃，抽薹期为 17～22℃，鳞茎膨大期为

20 ～ 25℃。大蒜是低温长日照作物，绿体春化类型，0 ～ 4℃的低温下 30 ～ 40 天通过春化，通过春化阶段后，需要长日照才能抽薹。长日照 也是鳞茎膨大的必要条件，日照在 12 小时以下时难以形成鳞茎。随着 花梗的伸长，花蕾迅速露出叶鞘，形成蒜薹，在蒜薹顶端花序丛间生长 着许多小的气生鳞茎，一般每个总苞内有 10 ～ 30 个气生鳞茎，这些小 蒜瓣又称"天蒜"，可用作播种材料。对土壤要求不严，但在富含有机 质、疏松透气、保水排水性强的肥沃壤土上生长良好。

◆ 栽培

以采收青蒜为目的的种植密度大，播种期要求不严，还可进行反季 栽培。采收蒜薹、蒜头的，一般在秋季 8 月下旬到 10 月上旬播种，多 数地区以 9 月上旬播种为宜。条播，行距 15 ～ 18 厘米，株距 12 ～ 15 厘米，每亩种植 2.5 万～ 3 万株，覆土 3 厘米。大蒜的根系弱，吸收力差， 而需肥又多，施肥宜多次、少量。花序的苞叶伸出叶鞘 10 ～ 15 厘米时 即可采收蒜薹，蒜薹采收后 20 ～ 30 天采收蒜头。

◆ 用途

蒜的营养丰富，具有特殊的香辛气味，不仅是人们日常生活中的蔬 菜和调味品，而且还具有较高的医疗保健功效。蒜苗可四季生产，分期 采收，或在不见光的条件下生产蒜黄。整株可炒、煮、凉拌；蒜薹炒或 凉拌；蒜头可生食或做成调味品。蒜瓣中不仅含有丰富的维生素、氨基 酸、矿质元素等营养成分，还含有丰富的有机硫化物，其中最主要的活 性成分、大蒜中含量最高的含硫氨基酸是蒜氨酸。蒜被切开或碾碎后， 细胞内含有的蒜酶将蒜氨酸转化成大蒜辣素，进一步分解成大蒜素，是其特殊香辣风味的来源及医学功能的主要成分，具有良好的抗病原微生物、抗肿瘤、降血糖、降血脂、增强免疫力以及预防和治疗心血管疾病的功效。

葱

葱是百合科葱属多年生宿根草本植物。以叶鞘和叶片供食用。

葱在中国自古就有栽培，2000 多年前的《尔雅》中已见记载。

◆ 形态和类型

葱的叶片呈管状，中空，绿色，先端尖，叶鞘圆筒状，抱合成为假茎，色白，通称葱白。分生组织在叶鞘基部，葱叶收割后仍能继续生长。茎短缩为盘状，茎盘周围密生弦线状根。伞形花序球状，位于总苞中。花白色，每花结种子 6 粒，千粒重 3 ~ 3.5 克。

葱可分为普通大葱、分葱、楼葱和胡葱。①普通大葱。中国的主要栽培种，可按假茎的高度分为长白葱（梧桐葱）、中白葱（鸡腿葱）和短白葱（秤砣葱）3 个类型。②分葱。叶色浓，葱白为纯白色，辣味淡，品质佳。③楼葱。又称龙爪葱。洁白而味甜，葱叶短小，品质欠佳。④胡葱。多在南方栽培，质柔味淡，以食葱叶为主。

葱的叶

◆ 栽培

普通大葱耐寒，-10℃可不受冻害，在中国东北部也可露地越冬。生长适温为 20 ～ 25℃。根系弱，极少根毛。适宜肥沃的砂质壤土。采用种子繁殖。以收葱白为目的的，多在秋季或早春育苗，入夏开沟栽植，生长期间分次培土并结合追肥，以利葱白形成，冬初收获。以收绿葱为目的的，则从春到秋随时可以播种。分葱多在秋季分株繁殖，第二

葱的根

年早春收获。常见病害有紫斑病、霜霉病、软腐病和锈病，虫害有葱蛆和蓟马等。

◆ 用途

葱含有挥发性硫化物，具特殊辛辣味，有解腥作用，是重要的调味品。葱白甘甜脆嫩。葱叶和葱白含维生素 C、胡萝卜素和磷较多。中医

葱的花

学认为葱有杀菌、通乳、利尿、发汗和安眠等药效。

洋 葱

洋葱是百合科葱属二至三年生草本植物。又称葱头、圆葱。以鳞茎作蔬菜食用。

洋葱起源于亚洲西部阿富汗、伊朗至中亚一带，后传至世界各地。公元前3200～前2780年，埃及古冢中发现关于金字塔建筑工人购买洋葱和大蒜作蔬菜的碑文。以美国、日本、印度、俄罗斯、中国栽培最多，西班牙、土耳其、埃及和巴西等国也有种植。

◆ **形态和类型**

洋葱株高80～100厘米。根弦状，无主根。茎极度短缩，呈扁平盘状，即鳞茎盘。叶筒状，中空，横切面近长方形，叶面披蜡粉，多层叶鞘相互抱合而成假茎。叶鞘基部随生

洋葱的植株

长而逐渐增厚，形成肉质鳞茎，内生幼芽。花序柄从鳞茎中央抽出，顶端着生球状花序，外包总苞。开花时总苞裂开长出许多小花，聚成伞房花序。

洋葱可分为三个类型：①普通洋葱。每株通常只形成一个鳞茎，用种子繁殖，品种较多。按鳞茎颜色可分为白皮种、红皮种和黄皮种；按

其对光照及温度的要求不同，还可分为早熟种、中熟种和晚熟种。②分蘖洋葱。分蘖基部形成一个小鳞茎，通常不结种子，用小鳞茎繁殖。③顶球洋葱。在花序上着生许多气生小鳞茎，不结种子。主要作腌渍用。

洋葱的鳞茎

◆ **生长习性**

洋葱性耐寒。种子和鳞茎可在 3 ～ 5℃低温下缓慢发芽，12℃以上发芽迅速，幼苗生长适温为 12 ～ 20℃，鳞茎膨大适温为 20 ～ 26℃。开花和鳞茎膨大均需较长的光照，但品种之间有很大差别，故又可按鳞茎形成所需日照长短分为短日型、长日型和中间型。

◆ **栽培**

洋葱栽培一般在秋季育苗。中国北方冬前假植于背阴处或埋入菜窖，翌年早春定植。

洋葱的花

江淮以南地区冬前露地定植。栽植不宜过深，以埋土至茎盘上为度。当植株下部叶子变黄、颈部变软、上部向下弯曲时即可收获，晾晒收藏。

◆ **用途**

洋葱含有植物杀菌素，以及无机盐、挥发油、糖、蛋白质和维生素等。除以新鲜鳞茎作蔬菜外，也可脱水加工。

洋葱以新鲜鳞茎作蔬菜食用

胡 椒

胡椒是胡椒科胡椒属多年生木质藤本植物。

胡椒为重要的香辛作物。原产印度，后传入爪哇、马来西亚、斯里兰卡，现世界上有近 20 个国家栽培。主产地为印度、印度尼西亚和马来西亚。中国于 1951 年和 1954 年多次由马来西亚和印度尼西亚等地引入海南省试种，并开始有较大面积栽培。自 1956 年后，广东、云南、广西、福建等地陆续试种。主产地为海南省和广东省湛江市。

胡椒茎攀缘生长，长可达 7 ～ 10 米，节膨大而有吸根。穗状花序，单核浆果，球形，成熟时红色。种子黄白色。生长期要求气温较高。世界胡椒产区年平均气温为 25 ～ 27℃，但在中国年平均温度为 19.5 ～ 26℃的地区，也能正常开花结实。年降水量要求 1500 ～ 2400 毫米，分布均匀。枝蔓纤弱，以静风环境为宜。一龄生胡椒需轻度荫蔽，结果期要求光照充足。排水良好、土层深厚、土质疏松、pH5.5 ～ 7.0 的土壤利于生长。幼龄期以施氮肥为主，结果期要加施钾肥。经济寿命

20～30年。

一般用插条繁殖。从1～3年生的植株切取插条，培育约20天长出新根后便可定植（斜植）。株行距2米×2米左右。植后遮阴。幼苗长出主蔓后，将主蔓缚在高约2米的支柱上。苗高1.2米时进行第一次剪蔓，以后剪3～4次，最后保留4～6条蔓，使之发育成圆筒状株型。株高一般控制在2.5米左右。幼龄植株以施氮肥为主，结果植株要加施钾肥。雨季注意排水、盖草、培土。危害最大的是胡椒瘟病，发病初期可用化学药剂控制蔓延；此外还有细菌性叶斑病、花叶病（病毒病）和根病等。害虫有根瘤线虫、介壳虫类、蚜虫等，可用有机磷杀虫剂防治。

种后3～4年便有收获。从开花到果实成熟需9～10个月，秋花的果实在5～7月收获（海南省产区），春花的果实在1～2月收获（广东湛江产区）。果实变黄、每穗果实有3～5粒转红时即为采收适期。种子含胡椒碱5%～9%，挥发油1%～2.5%，在食品工业中用作调味料、防腐剂，医学上用作健胃、利尿剂。果穗收获后直接晒干脱粒者为黑胡椒，制成率33%～36%；收后在流水中浸泡7～10天，果皮、果肉全部腐烂后洗净晒干者为白胡椒，制成率为25%～27%。

芥　菜

芥菜是十字花科芸薹属一年生或二年生草本植物。

芥菜是中国特产蔬菜，欧美各国极少栽培，多样性中心在中国。《礼记》有"鱼脍芥酱"的记载，可见中国早在周朝已用其种子作调味品。

有根芥、茎芥、叶芥和薹芥四大类，共 16 个变种。

◆ 形态和类型

芥菜主侧根分布在约 30 厘米的土层内，茎为短缩茎。叶片着生在短缩茎上，有椭圆、卵圆、倒卵圆、披针等形状，叶色绿、深绿、浅绿、黄绿、绿色间紫色纹或紫红。中国的芥菜主要有四种类型：①叶用芥菜。二年生，有 11 个变种，即大叶芥、小叶芥、白花芥、花叶芥、长柄芥、凤尾芥、叶瘤芥、宽柄芥、卷心芥、结球芥和分蘖芥。②茎用芥菜。二年生，有 3 个变种，即茎瘤芥、笋子芥、抱子芥或儿芥。

芥菜的植株

③根用芥菜。又称大头菜。二年生。④薹芥。又称天菜或葱菜。二年生，花茎肥大。

◆ 栽培

芥菜喜冷凉润湿，忌炎热、干旱，稍耐霜冻。适于种子萌发的旬平均温度为 25℃，适于叶片生长的旬平均温度为 15℃，最适于食用器官生长的温度为 8 ～ 15℃；但茎用芥菜和结球芥（包心芥）食用器官的形成要求较低的温度，一般叶用芥菜对温度要求不严格。一般采用育苗移栽。幼苗受蚜虫为害可感染病毒病，常用反光银灰色塑料薄膜做成有间隔的条状小棚覆盖育苗加以防治。

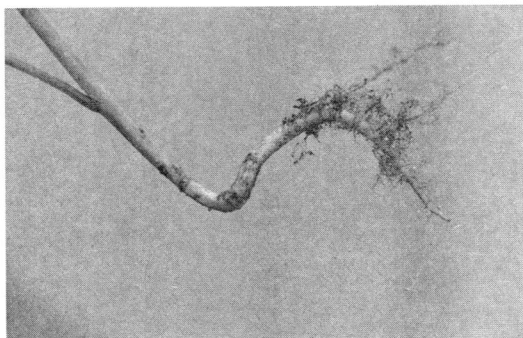

芥菜的根

◆ 用途

芥菜含有硫代葡萄糖苷，经水解后产生挥发性的异硫氰酸化合物、硫氰酸化合物及其衍生物，具有特殊的风味和辛辣味。新鲜的芥菜除含硫胺素、核黄素和烟酸外，每 100 克鲜重约含维生素 C40 毫克，含氮物质 12%。茎用芥菜经加工制成榨菜后，其所含的蛋白质分解成 16 种

芥菜的叶

氨基酸，其中谷氨酸最多，故滋味鲜美，以中国重庆和浙江的榨菜最为著名。叶用芥菜如大叶芥的叶片或中肋、叶瘤芥的叶柄、包心芥的叶球、分蘖芥的分蘖以及其他类型的芥菜，都可鲜食或加工。例如四川的冬菜和芽菜、贵州的盐酸菜、福建的糟菜和腌菜、广东惠阳的梅菜、浙江的雪里蕻等就是芥菜的叶柄、短缩茎或花薹幼嫩部分的加工品；潮州咸菜是包心芥的加工品；云南大头菜则是根

用芥菜的加工品。芥菜的种子可磨研成末，供调味用。

芥菜露地栽培

干 姜

干姜是姜的干燥根茎。温里药。又称白姜、均姜、干生姜。始载于《神农本草经》。

◆ **产地和分布**

干姜产于中国中部、东南部至西南部。

冬季采挖，除去须根和泥沙，晒干或低温干燥。趁鲜切片晒干或低温干燥者称干姜片。商品药材主要来自栽培。

◆ **性状**

干姜呈扁平块状，具指状分枝，长 3～7 厘米，厚 1～2 厘米。表面灰黄色或浅灰棕色，粗糙，具纵皱纹和明显的环节。质坚实，断面黄白色或灰白色，粉性或颗粒性，内皮层环纹明显，维管束及黄色油点散在。气香、特异，味辛辣。

干姜片呈不规则纵切片或斜切片，具指状分枝，长 1～6 厘米，宽

1～2厘米，厚0.2～0.4厘米。外皮灰黄色或浅黄棕色，切面灰黄色或灰白色，略显粉性，可见较多的纵向纤维，有的呈毛状。质坚实，断面纤维性。气香、特异，味辛辣。

中药干姜片

◆ **药性和功用**

干姜味辛，性热，归脾、胃、肾、心、肺经。具有温中散寒、温运脾胃、健脾止泻、温阳守中、回阳通脉、温肺化饮、止咳平喘、燥湿消痰功能，用于脘腹冷痛、呕吐泄泻、四肢厥逆、脉微欲绝、形寒背冷、咳嗽气喘等。

◆ **成分和药理**

干姜主要含挥发油（姜醇、姜烯酮、姜烯等）、非挥发性成分（甘氨酸、胡萝卜苷）等，具有抗炎、镇痛、止泻、抗氧化、抗缺氧、抗凝血、抗血栓、镇静、抑制小肠运动、止呕、抗溃疡、抗菌等作用。

◆ **用法和禁忌**

干姜用于治疗脘腹冷痛、呕吐泄泻等症时，多与高良姜配伍使用；

治疗亡阳欲脱、肢冷脉微、四肢厥逆等症时，多与附子配伍；治疗寒饮伏肺所致的喘咳、痰多清稀等症时，常与细辛、麻黄等药配伍。

煎服用量 3～10 克，或入丸、散剂；外用适量，煎汤洗或研末调敷。阴虚内热、血热妄行者忌用，孕妇慎用。

花 椒

花椒是芸香科植物青椒或花椒的干燥成熟果皮。温里药。又称香椒、秦椒、川椒等。始载于《神农本草经》。

◆ 产地和分布

花椒产于中国五岭以北、辽宁以南大多数省区。花椒在中国大部分地区均有分布，主产于四川、陕西、青海、宁夏、甘肃等，多见于平原至海拔较高的山地。

秋季采收成熟果实，晒干，除去种子和杂质。商品药材主要来自野生或栽培。

◆ 性状

花椒多为 2～3 个上部离生的小蓇葖果，集生于小果梗上，蓇葖果球形，沿腹缝线开裂，直径 3～4 毫米。外表面灰绿色或暗绿色，散有多数油点和细密的网状隆起皱纹；内表面类白色，光滑。内果皮常由基部与外果

花椒的植株

皮分离。残存种子呈卵形，长 3 ～ 4 毫米，直径 2 ～ 3 毫米，表面黑色，有光泽。气香，味微甜而辛。

花椒蓇葖果多单生，直径 4 ～ 5 毫米。外表面紫红色或棕红色，散有多数疣状突起的油点，直径 0.5 ～ 1 毫米，对光观察半透明；内表面淡黄色。香气浓，味麻辣而持久。

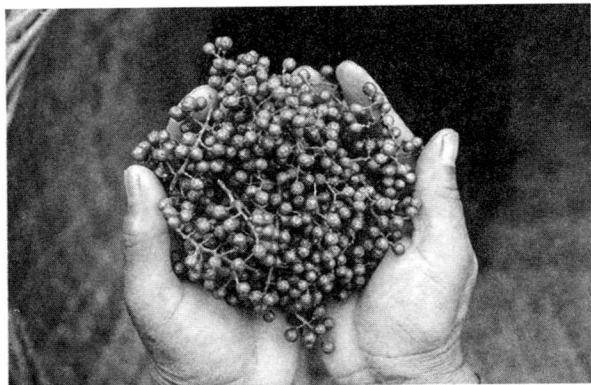

采收到的花椒果实

◆ 药性和功用

花椒辛，温，归脾、胃、肾经。具有温中止痛、杀虫止痒功能，用于脘腹冷痛、呕吐泄泻、虫积腹痛，外用可治湿疹、阴痒等。

◆ 成分和药理

花椒含有挥发油类、生物碱类、酰胺类、香豆素类、木脂素类、脂肪酸类、黄酮类、酚酸类等，具有抗肿瘤、抗炎、镇痛、抗病毒、抗菌、抗血小板凝集、抗氧化、杀虫等作用。

◆ 用法和禁忌

花椒主治脾胃虚寒之脘腹冷痛、蛔虫腹痛、呕吐泄泻、肺寒咳嗽、龋齿牙痛和湿疹皮肤瘙痒等。与生姜、白豆蔻等同用，可用于外寒内侵、胃寒腹痛、呕吐等症。与乌梅、干姜、黄柏等同用，可用于虫积腹痛、手足厥逆、烦闷吐蛔等症。与苦参、蛇床子、地肤子、黄柏等同用，可用于湿疹瘙痒。

煎服用量 3 ～ 6 克；外用适量，煎汤熏洗。阴虚火旺者忌服，孕妇慎服。

辣味化学物质

胡椒碱

胡椒碱的分子式是 $C_{17}H_{19}NO_3$，分子量 285.34。属哌啶类生物碱。俗称胡椒酰胺。

胡椒碱是一种存在于胡椒科植物胡椒果实中的生物碱，为其辛辣成分之一。在商品黑胡椒和白胡椒中，胡椒碱的含量为 5% ~ 9%，有时高达 11%。

胡椒碱为无色单斜棱柱状晶体。熔点 130℃。溶于乙酸、苯、乙醇和氯仿，微溶于乙醚，在水和石油醚中几乎不溶。入口最初无味，后有辛辣味。能与强酸生成结晶盐。

胡椒碱是一种广谱抗惊厥药，对小鼠实验性电惊厥有良好的对抗作用，对戊四氮、印防己毒素、番木鳖碱，以及脑室内注射筒箭毒碱、谷氨酸等引起的惊厥发作和听源性发作，都有不同程度的对抗作用。对某些类型的癫痫病也有疗效。胡椒碱对蝇类的毒性比除虫菊酯高。

辣椒素

辣椒素的分子式是 $C_{18}H_{27}NO_3$。

辣椒素是单斜矩形片状结晶。熔点 65℃，沸点 215℃（1.33 帕，空气加热浴温度）。溶于乙醇、氯仿、乙醚、苯，不溶于冷水。存在于茄科植物辣椒中，是辣椒引起辛辣味的主要成分，次要成分为辣椒素酰基部分增减一碳或双键氢化的产物，它们的辣度均低于辣椒素。

辣椒素对神经有强烈的刺激作用，具有消炎、镇痛、促进脂肪代谢、催泪催嚏的作用。其结构略加简化的类似物 N-香兰素基正壬酰胺，又称合成辣椒素，熔点 56 ～ 58℃，可由香兰素和正壬酸为原料方便合成。该物质是一种优良的驱鼠剂，能有效防止鼠类对地下电缆保护覆盖层的破坏。

辣椒红

辣椒红是存在于辣椒中的脂溶性类胡萝卜素类色素。又称辣椒红色素、辣椒油树脂。

辣椒红中主要红色组分为辣椒红素和辣椒玉红素，还含有少量的黄色组分为胡萝卜素和玉米黄质。辣椒红分子式为 $C_{40}H_{56}O_3$，相对分子质量 584.85。分子内含有共轭多烯烃，因大量共轭双键形成发色基而产生颜色。辣椒红产品多为深红色黏稠油状液体，具有辣味，易溶于食用油、丙酮、乙醚、三氯甲烷、正乙烷，可溶于乙醇，几乎不溶于水。具有良好的乳化分散性，耐热性、耐酸性均好，但耐光性稍差。

辣椒红具有色泽鲜艳、着色力强、色价高、安全性高等优点，在中国可作为食品着色剂使用。根据 GB 2760—2014《食品安全国家标准食品添加剂使用标准》规定，辣椒红可根据生产需要适量使用于冷冻饮品、腌渍蔬菜、熟制坚果与籽类、糖果等食品。

大蒜素

　　大蒜素是大蒜中含有的、主要的生物活性物质，化学名称二烯丙基硫代亚磺酸酯。分子式 $C_6H_{10}S_2O$。是一种天然的广谱杀菌剂。又称蒜辣素。

　　大蒜素呈淡黄色粉末或淡黄色油状液体，一般有较浓的气味。沸点 $80 \sim 85℃$（200 帕），相对密度 1.112（20/4℃），折光率 1.561（20℃）。溶于乙醇、氯仿、苯、乙醚，水中溶解度 2.5%（10℃），静置时有油状沉淀物形成。对热碱不稳定，对酸稳定。

　　大蒜素广泛存在于百合科植物大蒜的鳞茎中，但新鲜的大蒜中并没有大蒜素，只有其前体蒜氨酸。其与蒜氨酸酶是分别独立稳定存在于大蒜的鳞茎之中。只有当大蒜被加工或者被机械磨碎后，这两者才会相互接触，蒜氨酸酶进而催化分解蒜氨酸生成大蒜素，并产生臭味。

　　大蒜素的制备主要通过植物提取法和化学合成法两种途径。植物提取法主要有水蒸气蒸馏、有机溶剂提取、超临界萃取、超声波提取及纳滤提取法；化学合成法主要是对大蒜中的一些功效成分（二烯丙基二硫化合物、二烯丙基三硫化合物以及二烯丙基硫代亚磺酸酯等）的合成，如先利用聚乙二醇 400 和硫粉与 3-氯丙烯反应得淡黄色油状二烯丙基二硫化合物，再加入过乙酸氧化可得大蒜素粗品，粗品经柱色谱纯化得二烯丙基硫代亚磺酸酯。

　　大蒜素具有抗菌、抗病毒、抗癌、抗氧化、调节免疫活性、防治心血管病和治疗阿尔茨海默病的作用，也能够促进畜禽增产生殖。

缩乙二醇醚

缩乙二醇醚是乙二醇缩合物的总称。结构通式 $HO(CH_2CH_2O)$ nCH_2CH_2OH（n=1,2 或 3），常指 2 ～ 4 个乙二醇的缩合产品，依次称为二乙二醇醚（二甘醇）、三乙二醇醚（三甘醇）和四乙二醇醚（四甘醇），沸点分别为 245.0℃、287.4℃和 327.3℃。

缩乙二醇醚无色、带辣味、吸湿性强的黏稠液体，溶于水。广泛用作塑料、纺织、皮革、烟草等工业中的增塑剂和增湿剂，气体的脱水剂，涂料、木材、油墨和染料等工业的表面活性剂和助剂，合成纤维、棉、毛中的润滑剂，芳烃萃取溶剂以及公共场所和医疗器械的杀菌剂和消毒剂等。

缩乙二醇醚是环氧乙烷水合生产乙二醇时的联产物。在不使用催化剂的情况下，水合时减少水与环氧乙烷的摩尔比（简称水比）即可增加缩乙二醇醚的比例。例如，当水与环氧乙烷的摩尔比从 10.5 降低到 0.61 时，缩乙二醇醚的收率从 13% 以下升高到 45% 以上。环氧乙烷水合中若采用碱性催化剂，缩乙二醇醚的生成速度将大于乙二醇的生成速度，从而可以大大提高产品中缩乙二醇醚的比例。因此，以生产缩乙二醇醚为目的时，可选用较低的水量和采用碱性催化剂。

大豆皂苷

大豆皂苷是一类从大豆或豆类种子中提取的化合物。又称大豆皂甙。

大豆皂苷为固醇类或三萜类化合物的低聚配糖体。由低聚糖和齐墩果型三萜缩合而成，低聚糖链包括 6 种单糖，分别为 β-D- 葡萄糖醛酸、β-D- 葡萄糖、β-D- 半乳糖、β-D- 木糖、α-L- 阿拉伯糖和 α-L- 鼠李糖。已分离鉴定约 18 种，按苷元结构不同可分为 A、B、E 和 DDMP 类。为无色或乳白色粉末，具有微苦味和辛辣味，相对分子质量 800 ～ 1400，溶于水，不溶于有机溶剂。

制备方法有正丁醇萃取法、大孔树脂吸附法、铅盐沉淀法等，高纯度大豆皂苷的分离提取比较困难，尚未工业化生产。

大豆皂苷具有溶血作用，被视为抗营养因子，不利于人类健康。随着研究的深入，发现大豆皂苷毒副作用很小，具有降血脂、抗氧化、抗癌、抗病毒、抗血栓、免疫调节等生理作用。

大豆皂苷可作为乳化剂、起泡剂用于啤酒、泡泡糖等食品，可作为降低胆固醇和血脂的活性成分用于治疗心血管疾病的药物，未来有巨大研究价值。

三聚乙醛

三聚乙醛是三分子乙醛的环状聚合物，分子式 $C_6H_{12}O_3$。

三聚乙醛是无色流动性的液体，具有令人愉快的辛辣气味；熔点 12℃，沸点 124℃，相对密度 0.9943（20/4℃）；难溶于水，溶于醇、醚和氯仿中；没有醛的特征性反应；在少量酸存在下，可重新分解成乙醛。因此，在化学反应中，当有酸存在下，三聚乙醛可代替乙醛使用。乙醛在痕量的酸或重金属卤化物的催化下，于室温聚合成三聚乙醛。

东莨菪碱

东莨菪碱的分子式是 $C_{17}H_{21}NO_4$。属莨菪烷类生物碱。

东莨菪碱存在于茄科植物中。1892 年，E. 施密特首先从东莨菪中分离得到。

东莨菪碱常温下是黏稠糖浆状液体，味苦而辛辣；比旋光度 -18（c=2.7，乙醇）或 -28（水）。水合东莨菪碱为针状结晶，熔点 59℃。易溶于乙醇、乙醚、氯仿、丙酮和热水，微溶于苯和石油醚，可溶于冷水。东莨菪碱与多种无机酸或有机酸生成结晶盐。在稀碱中易消旋化生成 D,L-东莨菪碱，失去光学活性。与氯化汞反应生成白色沉淀。其氢溴酸盐熔点 195℃，比旋光度 -169（c=0.2，97% 乙醇）。

东莨菪碱可从洋金花中提取。洋金花中药麻醉剂即源于公元 2 世纪中国名医华佗的麻沸散，其有效成分就是东莨菪碱。

东莨菪碱可阻断副交感神经，也可用作中枢神经系统抑制剂，作用较强、较短暂。它的氢溴酸盐临床用于麻醉镇痛、止咳、平喘，对晕动症有效，也可用于控制帕金森氏综合征的僵硬和震颤。

水合三氯乙醛

水合三氯乙醛是三氯乙醛的水合物，结构式 $CCl_3CH(OH)_2$。

无色透明单斜菱晶，有辛辣气味。熔点 52℃，沸点 96℃（分解），密度 1.9081 克 / 厘米^3。在水中溶解度为 660 克 /100 毫升，易溶于苯、乙醇和乙醚。

水合三氯乙醛沸腾时其蒸气已分解成三氯乙醛和水。水合三氯乙醛若用浓硫酸处理，则脱水分解成三氯乙醛。它与氢氧化钠溶液共热，则分解为氯仿，此反应可用于水合三氯乙醛含量的测定。水合三氯乙醛的一种合成方法是由氯和乙醇在酸性溶液中反应生成三氯乙醛，溶于水即成水合三氯乙醛。

1832年，德国化学家 J.von 李比希首次合成了水合三氯乙醛。从历史上看，其主要用作一种治疗精神病药物，在缓解焦虑的作用比吗啡的效果更好，注射后很快就能起作用，并且具有持续的强度。1904年巴比妥发现后，水合氯醛逐渐不再使用。水合三氯乙醛也有麻醉和镇静作用，曾用作催眠和麻醉药，现已废除不用。

甲 酸

甲酸是最简单的羧酸。又称蚁酸。分子式 CH_2O_2。

甲酸属于无色而有辛辣刺激性酸味的挥发性液体，熔点 8.6℃，沸点 100.8℃，广泛用于农药、皮革、染料、医药和橡胶等工业。可直接用于织物加工、鞣革、纺织品印染和青饲料的贮存，也可用作金属表面处理剂、橡胶助剂和工业溶剂。在有机合成中，甲酸用于合成各种甲酸酯、吖啶类染料和甲酰胺系列医药中间体。

工业生产方法主要采用甲酸甲酯水解法、甲酸钠法、丁烷（或轻油）液相氧化法。此外，新技术的开发也取得了一定进展，包括二氧化碳加氢制甲酸、生物质或二氧化碳经生物酶催化制甲酸、合成气直接制甲酸甲酯再水解等方法。

甲酸甲酯水解法是甲酸工业化生产最经济的方法，占甲酸总产能的

80% 以上。

甲酸钠法作为最传统的甲酸生产方法，成本高、污染严重、副产品难以处理，已被国外产业淘汰。

丁烷（或轻油）液相氧化法是一种生产醋酸同时联产甲酸的生产工艺，每生产 1 吨醋酸可副产约 0.05 吨甲酸，曾是 20 世纪 70 年代国外生产甲酸的主要方法，后随着甲醇低压羰基合成醋酸技术的工业化，大部分丁烷（或轻油）氧化装置已相继停产。

二甘醇

二甘醇的结构式是 $HOCH_2CH_2OCH_2CH_2OH$。又称二乙二醇、二乙二醇醚、一缩二乙二醇、二（羟乙基）醚、2,2′- 氧代二乙醇等。

二甘醇是无色、无臭、吸湿性强的黏稠油状液体；有辛辣气味，沸点 245.0℃，凝固点 -10℃，易燃，低毒，无腐蚀性；易溶于水、醇、丙酮、氯仿、糠醛等极性溶剂，不与乙醚、四氯化碳、二硫化碳、直链脂肪烃、芳香烃等互溶。二甘醇由环氧乙烷与乙二醇反应制得，是环氧乙烷水合生产乙二醇时的联产物。乙二醇装置多效蒸发系统塔釜的物流含有二甘醇、三甘醇、四甘醇等。首先将二甘醇送入减压蒸馏塔，在塔顶温度 135～140℃、压力 4.0 千帕条件下，从塔顶得到二甘醇；继续分离塔釜液，得到三甘醇和四甘醇。在没有催化剂的情况下，二甘醇生成量占乙二醇生成量的 8%～10%，三甘醇占 0.5%。

二甘醇可直接用作汽提脱水剂、芳烃萃取剂、纺织品润滑剂、软化剂、整理剂，以及硝酸纤维素、树脂、油脂和印刷油墨等的溶剂，也用作刹车液、压缩机润滑油的防冻剂组分，还可用于配制清洗剂、日用品分散性溶剂等。以二甘醇为原料，可制取多种化工产品，如吗啉、二甘醇醚、二甘醇酯、二甘酸、二甘醇胺等，广泛应用于石油化工、橡胶、塑料、纺织、涂料、黏合剂、制药等行业。

甾体皂苷

甾体皂苷是以 27 个碳原子组成的甾体母核为苷元的一类皂苷。

甾体皂苷主要分布于薯蓣科、百合科、玄参科、菝葜科、龙舌兰科等单子叶植物中。甾体皂苷由 27 个碳原子组成的苷元部分通常含五或六个环，A、B、C、D 环为甾体母核，E、F 环则为以螺环形式的内缩酮，或 F 环打开的半缩酮。分子中常有羟基、羰基、双键等官能团。甾体皂苷大多为单糖链皂苷，苷键在 C-3 位上；少数为双糖链皂苷伴单糖链皂苷共同存在。甾体皂苷分子结构中不含羧基，呈中性，故又称中性皂苷。

◆ 分类

甾体皂苷的皂苷元基本骨架属于螺甾烷的衍生物，依照螺甾烷结构中 F 环的环合状态，可将其分为：螺甾烷醇类（包括异螺甾烷醇类）、呋甾烷醇类和呋螺环甾烷醇类。

◆ 理化性质

甾体皂苷元有较好的晶形。甾体皂苷多为无定形粉末，味苦而辛辣，对人体黏膜有强烈的刺激性，多具有旋光性，且多为左旋。甾体皂苷元能溶于亲脂性溶剂，不溶于水。甾体皂苷一般可溶于水，易溶于热水、烯醇，难溶于石油醚、苯、乙醚等亲脂性溶剂。甾体皂苷具有发泡性，其水溶液振荡后产生持久性泡沫，甾体皂苷具有溶血作用。

◆ 应用

甾体皂苷以作为合成甾体激素及其有关药物的原料而著名，但某些甾体皂苷也具有降血糖、抗炎、降胆固醇的活性。甾体皂苷也可以防治心脑血管疾病，如地奥心血康胶囊含 8 种由黄山药中提取的甾体皂苷，总量在 90% 以上，用于治疗冠心病；心脑疏通含由蒺藜果实中提取的总甾体皂苷，用于心脑血管疾病的防治；盾叶冠心宁含从盾叶薯蓣中提取的水溶性皂苷，临床治疗冠心病和心绞痛有一定的疗效。

六氯环己烷

六氯环己烷是环己烷每个碳原子上的一个氢原子被氯原子取代形成的饱和化合物，分子式 $C_6H_6Cl_6$。系统命名 1,2,3,4,5,6-六氯环己烷。

分子的结构式中含碳、氢、氯原子各 6 个，因此它可以看作苯的六个氯原子加成产物。因分子中含有碳、氢、氯原子各 6 个，故其商品名为六六六。

◆ 性质

六氯环己烷为白色晶体。有 8 种同分异构体，分别称为 α、β、γ、δ、ε、η、θ 和 ξ-六氯环己烷。

α-异构体为单斜棱晶，具有持久的辛辣气味；熔点 159 ～ 160℃，沸点 288℃；不溶于水，易溶于氯仿、苯等；随水蒸气挥发；蒸气压 8 帕（40℃）；沸腾时分解为 1,2,4-三氯苯。β-异构体为晶体；熔点 314 ~ 315℃，熔融后升华；密度 1.89 克 / 厘米^3（19℃）；微溶于氯仿和苯；不随水蒸气挥发；蒸气压 22.67 帕（40℃）；与氢氧化钾醇溶液作用生成 1,3,5-三氯苯。γ-异构体为针状晶体，具有微弱的霉烂气味和挥发性；熔点 112 ~ 113℃，沸点 323.4℃；不溶于水，溶于丙酮、苯和乙醚，易溶于氯仿和乙醇。六氯环己烷对酸稳定，在碱性溶液中或锌、铁、锡等存在下易分解，长期受潮或日晒会失效。

◆ **制法**

工业上由苯与氯气在紫外线照射下合成六氯环己烷：

◆ **应用**

六氯环己烷常用来加工成粉剂、乳剂和烟剂。早期工业产品中约含 18% 的 γ-异构体、12% 的 β-异构体及大量的 α-异构体。药用的产品已可制得纯度达 99% 的 γ-异构体。六氯环己烷的一些异构体是杀虫剂，对昆虫有触杀、熏杀和胃毒作用。过去主要用于防治蝗虫、稻螟虫、小麦吸浆虫和蚊、蝇、臭虫等害虫。其中，γ-异构体杀虫效力最高，α-异构体次之，δ-异构体再次之，β-异构体效率极低。由于六氯环己烷用途广，制造工艺较简单，20 世纪 50 ~ 60 年代在全世界广泛生产和应用，曾是中国产量最大的杀虫剂。对于消除蝗灾、防治害虫起过积极作用。

◆ **毒性**

六氯环己烷稳定性强，不易分解。大量使用直接造成对农作物的污染，同时农药残留在水和土中，通过食物链进入人体，而人体又不能通过新陈代谢把它排出体外。当积累到一定程度，就会使人中毒。由于它对人、畜都有一定的毒性，在体内沉积不易降解排出，对神经系统和肝脏损害较大，现已不再使用。

氯丁二烯

氯丁二烯是丁二烯分子中一个氢原子被氯原子取代形成的化合物。分子式为 C_4H_5Cl，工业上主要是 2-氯 -1,3-丁二烯。

◆ 简史

1931 年，美国杜邦公司首先实现了由电石乙炔制氯丁二烯的工业化生产。20 世纪 60 年代以前，这是工业上生产氯丁二烯的唯一方法。60 年代以后，由于乙炔价格比丁二烯高，因此转向以后者为原料。1966 年，法国比塔克洛工厂建成第一个由丁二烯氯化制氯丁二烯的装置。

◆ 性质

氯丁二烯属于无色、易挥发、辛辣气味的有毒液体。沸点 59.4℃，其蒸气能与空气形成爆炸混合物，低温下易与氧作用，生成易爆炸的氧化聚合物。主要用于生产氯丁橡胶，也能与苯乙烯、丙烯腈、异戊二烯等共聚，生产各种合成橡胶。由乙炔或丁二烯为原料制得。

◆ 分类

氯丁二烯的生产方法包括乙炔法、丁二烯法。乙炔法和丁二烯法制备氯丁二烯的生产工艺各具特点，这两种方法仍将继续存在，但丁二烯法是未来的发展趋势。

◆ **乙炔法**

乙炔法是指乙炔在氯化亚铜的酸性水溶液中于 80℃下生成乙烯基乙炔，后者再与氯化氢在氯化亚铜的盐酸溶液中进行加成反应生成氯丁二烯。此工艺历史较久，技术成熟，但成本高，且乙炔、乙烯基乙炔易爆炸，生产安全性差。

丁二烯法

丁二烯法是丁二烯与氯气在 300℃进行气相加成，产物 3,4-二氯 -1-丁烯（占 40%）在加热的碱溶液中脱氯化氢生成氯丁二烯。

在脱氯化氢及精制过程中要排除微量氧，以防止自动氧化，并需加入阻聚剂氯化。反应同时生成的顺式和反式 1,4-二氯 -2-丁烯（占 60%），可作为合成己二腈及丁二醇的原料，但更多的是经分离后在铜和氯化亚铜的存在下异构为 3,4-二氯 -1-丁烯，再用于制氯丁二烯。

丁二烯法消除了乙炔法中产生易爆物质的安全隐患，使其在生产过程中操作更方便、安全。美国杜邦公司开发的丁二烯液相氯化制氯丁二烯生产技术比原有的气相法更为安全，产物收率更高，生产成本更低，另外还可以使有机废水排放量减少 60%，提高了安全度。

异硫氰酸盐

异硫氰酸盐是一类具有 R—N ═ C ═ S 结构通式的化合物。又称异硫氰酸酯。

常见的异硫氰酸盐包括莱菔硫烷、莱菔素、异硫氰酸烯丙酯、苯乙基异硫氰酸酯等。不直接存在于十字花科植物如西兰花、花椰菜、甘蓝、芥菜等的植物体内，但十字花科植物中含有其前体物质葡萄糖硫苷，人类摄入十字花科植物后，位于植物细胞液泡中的葡萄糖硫苷与位于特定蛋白体中的葡萄糖硫苷酶（黑芥子酶）接触，葡萄糖硫苷被水解为异硫氰酸盐。

异硫氰酸盐可提高机体免疫能力、增强抗氧化、抗突变和抗癌能力。抗癌机理包括激活 Keap 1-Nrf2-ARE 通路、抑制 I 型酶的活性、诱导 II 型解毒酶的生成、对癌细胞的抗增殖和诱导凋亡作用等。在新型抗癌药物研发方面有巨大潜力。

第 **3** 章
辣味药材

金铁锁

金铁锁是石竹科植物金铁锁的干燥根。祛风寒湿药。又称昆明沙参。始载于《滇南本草》。

◆ 产地和分布

金铁锁产于中国云南。生于松林、山野荒地、山坡。

秋后或春初发芽前采收，将根挖起，去净苗叶，泥土或除去栓皮，晒干。商品药材主要来自栽培。

金铁锁植株

金铁锁叶

金铁锁花

◆ **性状**

金铁锁干燥根呈长圆锥形，长 8 ～ 25 厘米，直径 0.6 ～ 2 厘米。表面黄白色，有多数纵皱纹和褐色横纹孔。质硬，易折断，断面不平坦，皮部白色，木部黄色，有放射状纹理。气微，味辛、麻，有刺喉感。

◆ **药性和功用**

金铁锁味苦、辛，性温，归肝经，有小毒。具有祛风除湿、散瘀止痛、解毒消肿功能，用于风湿痹痛、胃脘冷痛、跌打损伤、外伤出血、疮疖、蛇虫咬伤等。

◆ 成分和药理

金铁锁主要含五环三萜皂苷类成分，主要由丝石竹皂苷元衍生而成，还含有环肽类、氨基酸等，具有抗炎、抑制油耳肿胀、镇痛、调节免疫、抑菌等作用。

◆ 用法和禁忌

金铁锁辛散温通，常用于治疗跌打损伤、创伤出血，与三七配伍可增强活血化瘀止痛的功效。外用可治疗

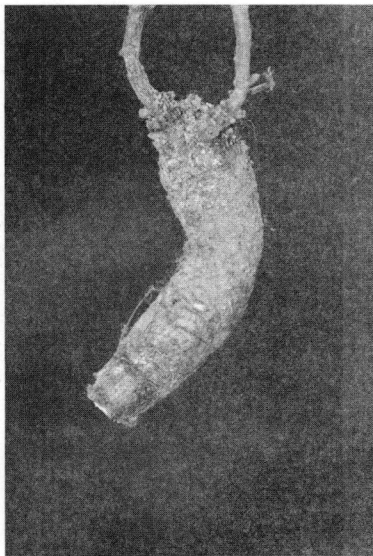

金铁锁根

痈疽疮疖、蛇虫咬伤，以毒攻毒而行散毒消肿、散瘀止痛之功。

内服用量 0.1 ~ 0.3 克，多入丸散服；外用适量。孕妇慎用。有毒，味辛辣，尝之刺激喉舌，易致呕吐。

山 奈

山奈是姜科植物山奈的干燥根茎。理气药。又称三奈子、三赖、山辣。始载于《本草纲目》。

◆ 产地和分布

山奈产于中国广东、广西、云南及台湾。生于山坡、林下及草丛中。

冬季采挖，洗净，除去须根，切片，晒干。商品药材主要来自栽培。

山柰植株

山柰花

◆ **性状**

山柰多为圆形或近圆形的横切片，直径 1 ～ 2 厘米，厚 0.3 ～ 0.5 厘米。外皮浅褐色或黄褐色，皱缩，有的有根痕或残存须根；切面类白色，粉性，常鼓凸。质脆，易折断。气香特异，味辛辣。

◆ **药性和功用**

山柰味辛，性温，归胃经。具有行气温中、消食、止痛功能，用于胸膈胀满、脘腹冷痛、饮食不消。

◆ **成分和药理**

山奈主要含挥发油（龙脑、樟烯、对甲氧基桂皮酸乙酯）、黄酮（山奈酚、山奈素）等，具有单胺氧化酶抑制、抗癌、抑菌、调节肠道平滑肌、消炎、杀虫等作用。

中药山奈

◆ **用法和禁忌**

山奈辛散芳香，能行气，善于温中散寒、健胃消食。配伍佩兰、砂仁等，可治脘腹冷痛、呕吐泄泻；配伍藿香、白术等，可共奏散寒、除湿、避秽之效；配伍广木香、鸡内金等，可治饮食不消、中焦气滞。

煎服用量6～9克，或入丸散剂；外用适量，捣碎或研末敷。胃有郁火或阴虚亏者禁服。

山奈饮片

檀 香

檀香是檀香科植物檀香树干的干燥心材。理气药。又称旃檀、真檀、白檀。始载于《名医别录》。

◆ **产地和分布**

檀香主产于印度、澳大利亚、印度尼西亚，中国海南、广东、云南等地也有分布。

全年均可采伐。商品药材主要来自栽培。

檀香叶

檀香花

◆ **性状**

檀香为长短不一的圆柱形木段，有的略弯曲，一般长约 1 米，直径 10 ～ 30 厘米。外表面灰黄色或黄褐色，光滑细腻，有的具疤节或纵裂，横截面呈棕黄色，显油迹；棕色年轮明显或不明显，纵向劈开纹理顺直。质坚实，不易折断。气清香，燃烧时香气更浓；味淡，嚼之微有辛辣感。

中药檀香

檀香饮片

◆ 药性和功用

檀香辛、温，归脾、胃、心、肺经。具有行气温中、开胃止痛功能，用于寒凝气滞、胸膈不舒、胸痹心痛、脘腹疼痛、呕吐食少等。

◆ 成分和药理

檀香含有倍半萜类、单萜类、木脂素类等，具有抗肿瘤、抗氧化、抗癌、抗菌、调节胃肠道功能等作用。

◆ **用法和禁忌**

檀香辛散温通、气味芳香，善调脾肺、利胸膈，为理气要药。与苏合香、冰片、土木香等配伍，用于治疗寒凝气滞、心脉不通所致的胸痹，症见胸闷、心前区疼痛。与木香、香附、乳香等配伍，用于治疗气滞胃寒、胸胃刺痛、腹胀疼痛等。

煎服用量 2 ～ 5 克。孕妇慎服。

降　药

降药是外用药。今多根据《医宗金鉴》中的处方炼制，炼制时用上下罐相合密封烧炼，上罐为原料药，炼成之丹药降结于下罐，故名。

◆ **产地和分布**

降药主产于中国湖南、湖北、江西等地。

◆ **性状**

降药呈白色或微黄色块状，一面光滑，其他各面多为束针状结晶，有光泽；质重，易碎，溶于水及有机溶剂。味辛辣，有持久性金属味。

◆ **药性和功用**

降药味辛，性热，有大毒。具有祛腐、拔毒、提脓之功，用于痈疽、疮疖、疔毒、瘰疬、痰核、痔疮。

◆ **成分和药理**

降药主要含有氯化汞及氯化亚汞，含量和比例因制法不同而稍有差别，具有杀菌作用。

◆ **用法和禁忌**

凡痈疽、疮毒初起坚硬未成脓者，用降药研末水调，涂于疮顶，片刻后发泡，挑破出水，能使肿毒消散；脓已成而未溃者，涂药于疮头上，外贴膏药，可使脓疮自行溃破；如疮疡溃烂后腐肉不脱，久不收口者，取药粉擦于创口，用以腐蚀、排脓；如已形成瘘管，则制成锭子或药捻插入，使瘘管被腐蚀而脱落。降药常配合石膏（1∶9或3∶7）同用。与珍珠粉、炉甘石等药配用，则能去腐生新。

有大毒，切忌内服，外用亦须控制用量，过多则易伤好肉，甚或被组织吸收而引起汞中毒。患处接近于眼、唇、鼻部者忌用。婴儿、老人及体虚者更应慎用。

川　乌

川乌是毛茛科植物乌头的干燥母根。祛风寒湿药。又称川乌头。始载于侯宁极的《药谱》。

◆ **产地和分布**

川乌主产于中国辽宁、河南、山东、陕西等地，主要栽培于四川。生于山地草坡或灌丛中。

6月下旬至8月上旬采挖，除去子根、须根及泥沙，晒干。商品药材主要来自栽培。

乌头植株

川乌头花

◆ 性状

川乌呈不规则的圆锥形，稍弯曲，顶端常有残茎，中部多向一侧膨大，长 2 ～ 7.5 厘米，直径 1.2 ～ 2.5 厘米。表面棕褐色或灰棕色，皱缩，有小瘤状侧根及子根脱离后的痕迹。质坚实，断面类白色或浅灰黄色，形成层环纹呈多角形。气微，味辛辣、麻舌。

◆ 药性和功用

川乌味辛、苦，性热，有大毒，归心、肝、肾、脾经。具有祛风除湿、温经散寒止痛功能，用于寒邪偏盛之风湿痹痛、寒湿侵袭、关节疼痛，阴寒内盛之心腹冷痛、寒疝疼痛，还有跌打损伤、骨折瘀肿疼痛、麻醉止痛。

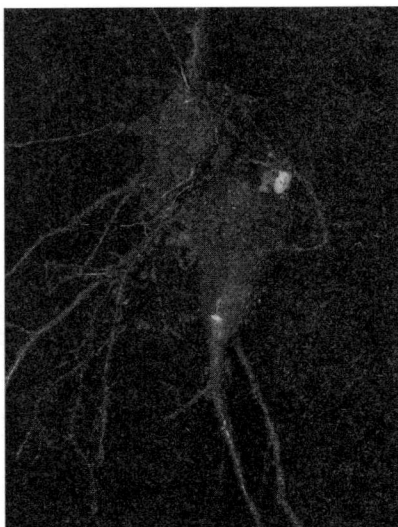

川乌头根

川乌饮片

◆ **成分和药理**

川乌主要含单酯型乌头碱类生物碱（苯甲酰乌头原碱、苯甲酰次乌头原碱、苯甲酰新乌头原碱、酯型生物碱等）等，具有抗炎、镇痛、免疫抑制、降血压、强心等作用。

◆ **用法和禁忌**

川乌常用于治疗风寒湿痹、关节疼痛、心腹冷痛、寒疝作痛及麻醉止痛。一般炮制后用，炮制后为制川乌。

外用适量，生品内服宜慎。孕妇禁用。不宜与半夏、瓜蒌、瓜蒌子、瓜蒌皮、天花粉、川贝母、浙贝母、平贝母、伊贝母、湖北贝母、白蔹、白及同用。

雪上一枝蒿

雪上一枝蒿是毛茛科植物短柄乌头的干燥块根。祛风寒湿药。又称一枝蒿。始载于《科学的民间药草》。

◆ **产地和分布**

雪上一枝蒿主产于中国云南、四川。生于高山草地、山坡及疏林下。夏末秋初挖取块根，除去须根及泥沙，晒干。商品药材主要来自栽培。

短柄乌头植株

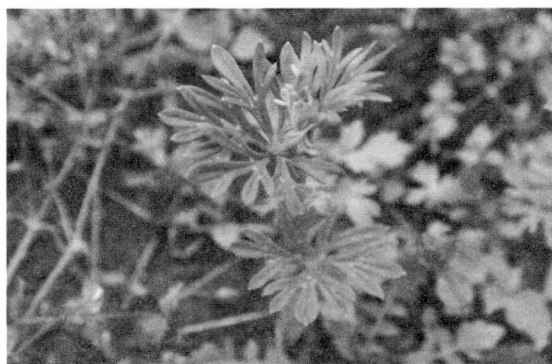

短柄乌头叶

◆ **性状**

雪上一枝蒿干燥块根呈长圆柱形，直径 0.5～1.7 厘米，长达 5～8 厘米。外表呈黑褐色或黄棕色，饱满，皱纹微细，亦有较显明者，以纵皱为多，常有侧根的断痕，偶有分枝者。质坚脆易断，断面略呈圆形，现粉白色。栓皮菲薄，皮部较宽，木部及髓部约占直径 1/3，形成层附近色较深，呈黑褐色圈。气微弱，味辛辣而麻。以皮色黑褐、心白、粉质、有黑圈、饱满、光滑者为佳。

◆ **药性和功用**

雪上一枝蒿味苦、辛，性温，有大毒，归肝经。具有祛风除湿、通络定痛功能，用于风湿痹痛、跌打伤痛。

短柄乌头花

◆ **成分和药理**

雪上一枝蒿主要含生物碱（乌头碱、次乌头碱、雪上一枝蒿甲素与乙素等）等，具有镇痛、抗炎等作用。

◆ **用法和禁忌**

雪上一枝蒿为治疗多种疼痛的良药，性猛善走，能祛风湿、活血脉，尤善止痛，常用于风湿痹痛、跌打损伤等。

口服常用量一次 0.025 ～ 0.05 克，上限为一次 0.07 克。因有大毒，故未经炮制，不宜内服。外用适量，酒磨敷。孕妇、老弱、小儿及心脏病、溃疡病患者禁服。服药期间，忌食生冷、豆类、牛羊肉。酒剂禁内服。

草　乌

草乌是毛茛科植物北乌头的干燥块根。祛风寒湿药。始载于《神农本草经》。

◆ 产地和分布

北乌头分布于中国山西、河北、内蒙古、辽宁、吉林和黑龙江。在山西、河北及内蒙古南部生长在海拔1000～2400米山地草坡或疏林中，在内蒙古北部、吉林及黑龙江等地生长在海拔200～450米山坡或草甸上。朝鲜、俄罗斯西伯利亚地区也有分布。

秋季茎叶枯萎时采挖，除去须根和泥沙，干燥。商品药材主要来自野生。

北乌头植株

◆ 性状

草乌呈不规则长圆锥形，略弯曲，长2～7厘米，直径0.6～1.8厘米。顶端常有残茎和少数不定根残基，有的顶端一侧有一枯萎的芽，

北乌头花

一侧有一圆形或扁圆形不定根残基。表面灰褐色或黑棕褐色，皱缩，有纵皱纹、点状须根痕及数个瘤状侧根。质硬，断面灰白色或暗灰色，有裂隙，形成层环纹多角形或类圆形，髓部较大或中空。气微，味辛辣、麻舌。

◆ 药性和功用

草乌味辛、苦，性热，有大毒，归心、肝、肾、脾经。具有祛风除湿、温经止痛的功能，用于风寒湿痹、关节疼痛、心腹冷痛、寒疝作痛及麻醉止痛。

◆ **成分和药理**

草乌主要含有生物碱、多糖等，具有镇痛、抗炎、强心、局部麻醉、抗癌、降血糖等作用。

◆ **用法和禁忌**

草乌炮制后方可入药。用法和使用注意同制川乌，但毒性更强。

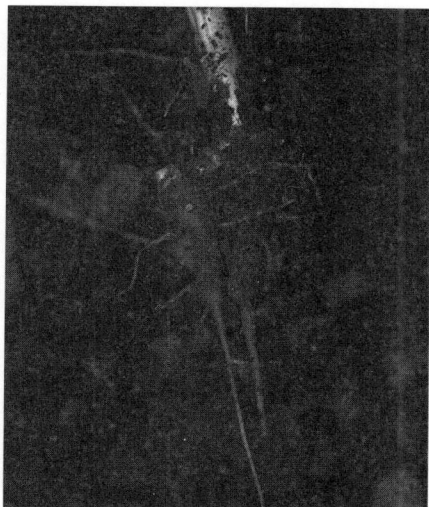

北乌头根

煎服用量 1.5 ～ 3 克，宜先煎、久煎。

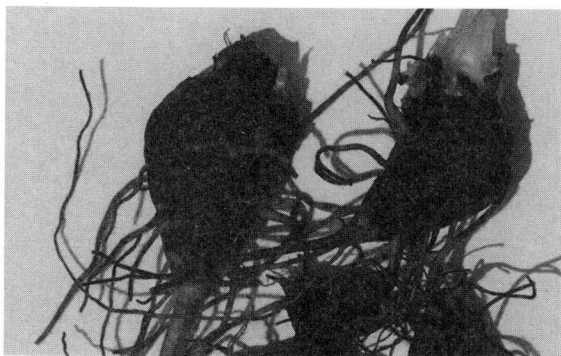

中药草乌

红豆蔻

红豆蔻是姜科植物大高良姜的干燥成熟果实。温里药。又称良姜子、红蔻、红扣。始载于《药性论》。

◆ **产地和分布**

大高良姜产于中国台湾、广东、广西、云南。生于山野沟谷荫湿林下或灌木丛中和草丛中。

秋季果实变红时采收，除去杂质，阴干。商品药材主要来自野生。

◆ **性状**

红豆蔻呈长球形，中部略细，长0.7～1.2厘米，直径0.5～0.7厘米。表面红棕色或暗红色，略皱缩，顶端有黄白色管状宿萼，基部有果梗痕。果皮薄，易破碎。种子6，扁圆形或三角状多面形，黑棕色或红棕色，外被黄白色膜质假种皮，胚乳灰白色。气香，味辛辣。

◆ **药性和功用**

红豆蔻味辛，性温，归脾、肺经。具有散寒燥湿、醒脾消食、温中、行气止痛功能，用于脘腹冷痛、食积胀满、呕吐泄泻、饮酒过多、不欲饮食、噎膈反胃、风寒牙痛等。

◆ **成分和药理**

红豆蔻主要含挥发油类（1,8-桉叶油素、石竹烯、α-松油醇、α-法尼烯、β-蒎烯、顺-γ-杜松烯、愈创烯、布黎烯等）、黄酮类、苯丙素类、萜类等，具有抗溃疡、抗病原微生物、抗肿瘤、抗菌等作用。

◆ **用法和禁忌**

红豆蔻治疗脘腹冷痛、呕吐涎沫等症时，常配伍白术、附子、荜茇等；治疗脾胃寒凝两胁胀满、肝气瘀滞等症时，多与香附同用；治疗胃寒呕吐时，常与生姜、半夏配伍。

煎服或研末用量 3 ～ 6 克；外用适量，调搽或研末。阴虚有热者忌用。

巴 豆

巴豆是大戟科植物巴豆的干燥成熟果实。峻下逐水药。又称巴菽。始载于《神农本草经》。

◆ 产地和分布

巴豆主产于中国西南地区及台湾、福建等地。生于山谷、溪边、旷野，有时亦见于密林中。秋季果实成熟时采收，堆置 2 ～ 3 天，摊开，干燥。商品药材主要来自栽培。

◆ 性状

巴豆呈卵圆形，一般具三棱，长 1.8 ～ 2.2 厘米，直径 1.4 ～ 2 厘米。表面灰黄色或稍深，粗糙，有纵线 6 条，顶端平截，基部有果梗痕。破开果壳，可见 3 室，每室含种子 1 粒。种子呈略扁的椭圆形，长 1.2 ～ 1.5 厘米，直径 0.7 ～ 0.9 厘米，表面棕色或灰棕色，一端有小点状的种脐和种阜的疤痕，另一端有微凹的合点，其间有隆起的种脊。外种皮薄而脆，内种皮呈白色

巴豆植株

薄膜。种仁黄白色，油质。气微，味
辛辣。

◆ **药性和功用**

巴豆味辛，性热，有大毒，归胃、
大肠经。外用可蚀疮，用于恶疮疥癣、
疣痣。

◆ **成分和药理**

巴豆主要含脂肪酸（巴豆油酸、
巴豆酸、棕榈酸、月桂酸等）、毒蛋白（巴
豆毒素）、巴豆苷等，具有泻下、抗菌、
抗炎、抗癌的作用。

巴豆果实

◆ **用法和禁忌**

巴豆为峻下冷积兼外用蚀疮之品。既能峻下冷积，适用于冷结便秘、
腹满刺痛，或小儿乳食积滞、痰多惊悸，可单用巴豆霜；还能攻痰逐水，
可治水肿胀满、二便不通之症，寒食结胸、痰涎壅盛、胸膈郁闷、肢冷

巴豆干燥果皮

汗出者可配杏仁、桔梗。外用可蚀腐肉、疗疮毒，用治痈肿脓成不溃、疥癣恶疮，可配乳香、没药。

外用适量，研末涂患处，或捣烂用纱布包擦患处。孕妇禁用。不宜与牵牛子同用。

丁 香

丁香是桃金娘科植物丁香的干燥花蕾。温里药。又称丁子香、支解香、公丁香等。始载于《雷公炮炙论》。

◆ 产地和分布

丁香主产于中国广东、广西、海南、云南等地。当花蕾由绿色转红时采摘，晒干。商品药材主要来自栽培。

◆ 性状

丁香略呈研棒状，长 1 ～ 2 厘米。花冠圆球形，直径 0.3 ～ 0.5 厘米，花瓣 4，复瓦状抱合，棕褐色或褐黄色，花瓣内为雄蕊和花柱，搓碎后可见众多黄色细粒状的花药。萼筒圆柱状，略扁，有的稍弯曲，长 0.7 ～ 1.4 厘米，直径 0.3 ～ 0.6 厘米，红棕色或棕褐色，上部有 4 枚三角状的萼片，十字状分开。质坚实，富油性。气芳香浓烈，味辛辣、有麻舌感。

◆ 药性和功用

丁香味辛，性温，归脾、胃、肺、肾经。具有温中降逆、补肾助阳功能，用于脾胃虚寒、呃逆呕吐、食少吐泻、心腹冷痛、肾虚阳痿。

◆ **成分和药理**

丁香主要含丁香油（丁香油酚、乙酰丁香油酚、β-丁香烯、葎草烯等）、2α-羟基齐墩果酸甲酯、甾醇（谷甾醇、豆甾醇、菜油甾醇）等，具有促进胃液分泌、保护胃黏膜、止泻、镇痛、抗缺氧、抗凝血、抗突变、抗菌等作用。

◆ **用法和禁忌**

丁香暖脾胃而行气滞，为治胃寒呕逆之要药。治疗虚寒呕逆，常配伍柿蒂、党参、生姜等；治胃寒呕吐，可与半夏、生姜配伍；治脾胃虚寒之呕吐、食少，可配伍白术、砂仁等；与人参、藿香同用可治疗妊娠恶阻。丁香与延胡索、五灵脂、橘红等配伍使用可增强散寒止痛之功；与附子、肉桂、淫羊藿等同用可温肾助阳。此外，丁香酒精浸液或煎液外用涂抹可以治疗癣证。

煎服用量 1～3 克，外用适量。热证及阴虚内热者忌用。不宜与郁金同用。

荜 茇

荜茇是胡椒科植物荜茇的干燥近成熟或成熟果穗。温里药。又称毕勃、荜拔梨、椹圣等。始载于《雷公炮炙论》。

◆ **产地和分布**

荜茇产于中国云南东南至西南部、海南、福建、广东、广西等地。生于疏荫杂木林中，海拔约 580 米。果穗由绿变黑时采收，除去杂质，晒干。商品药材主要来自栽培。

◆ **性状**

荜茇呈圆柱形，稍弯曲，由多数小浆果集合而成，长 1.5 ～ 3.5 厘米，直径 0.3 ～ 0.5 厘米。表面黑褐色或棕色，有斜向排列整齐的小突起，基部有果穗梗残存或脱落。质硬而脆，易折断，断面不整齐，颗粒状。小浆果球形，直径约 0.1 厘米。有特异香气，味辛辣。

◆ **药性和功用**

荜茇味辛，性热，归胃、大肠经。具有温中散寒、下气止痛功能，用于脘腹冷痛、呕吐、泄泻、呃逆、寒凝气滞、胸痹心痛、头痛、牙痛、鼻渊、妇女痛经、月经不调。

◆ **成分和药理**

荜茇果实含胡椒碱、四氢胡椒碱、芝麻素、棕榈酸、哌啶、N-异丁基癸二烯（反2，反4）酰胺、荜茇明碱、荜茇酰胺、荜茇宁酰胺、挥发油、脂肪油等成分，具有降压、抗惊厥、抗溃疡、降血脂、耐缺氧、抗心律失常、抗心肌缺血、抗病毒、解热、镇静、镇痛、抗菌等作用。

◆ **用法和禁忌**

荜茇治疗寒凝肠胃之脘腹冷痛、胃寒呕吐、泄泻、呕吐、呃逆等时，可单用，亦可与厚朴、干姜、附子等配伍；治疗脾胃虚寒所致的腹痛冷泻，常与肉豆蔻、干姜等同用；治疗风虫牙痛可与细辛、胡椒同用；治疗妇女气血不和、月经不调、疼痛不止，常与蒲黄、当归、川芎配伍。

煎服用量 1 ～ 3 克，或入丸散剂；外用适量，研末塞龋齿孔中或浸酒擦患处。

阿　魏

阿魏是伞形科植物新疆阿魏或阜康阿魏的树脂。消积杀虫药。又称臭阿魏、五彩魏、熏渠。始载于《新修本草》。

◆ 产地和分布

新疆阿魏产于中国新疆（尹宁），生长于荒漠中和带砾石的黏质土坡上。

阜康阿魏产于中国新疆（阜康），生长于沙漠边缘地区。春末夏初盛花期至初果期，分次由茎上部往下斜割，收集渗出的乳状树脂，阴干。商品药材主要来自栽培。

新疆阿魏

◆ 性状

阿魏呈不规则的块状和脂膏状。颜色深浅不一，表面蜡黄色至棕黄色。块状者体轻，质地似蜡，断面稍有孔隙；新鲜切面颜色较浅，放置后色渐深。脂膏状者黏稠，灰白色。具强烈而持久的蒜样特异臭气，味辛辣，嚼之有灼烧感。

◆ 药性和功用

阿魏味辛、苦，性温，归脾、胃经。具有消积、化癥、散痞、杀虫、截疟功能，用于肉食积滞、瘀血癥瘕、腹中痞块、虫积腹痛、疟疾、痢疾等。

◆ **成分和药理**

阿魏主要含有挥发油（倍半萜类、香豆素类、阿魏酸酯、阿魏酸）、树脂、树胶、糖类和多种微量元素，具有抗消化性胃溃疡、终止妊娠、抗凝血、抑菌、杀虫、抗炎、免疫、减轻神经病理性疼痛、增加心率、抗凝血、抗过敏等作用。

◆ **用法和禁忌**

阿魏常与川芎、当归、大黄等同用，治疗气血瘀滞所致的癥瘕痞块；治疗胸腹胀满疼痛，可与消食化积药山楂、神曲配伍；与胡黄连、神曲配伍，可治疗小儿饮食、腹内虫积之证；治疗饮食不思，常与神曲、莱菔子配伍；与雄黄、蟾酥同制为膏药外贴，可治疗乳岩、瘿瘤初起之证。

中药阿魏

多入丸散和外用膏药，用量 1 ～ 1.5 克。脾胃虚弱以及孕妇禁服。

两面针

两面针是芸香科植物两面针的干燥根。活血疗伤药。又称入地金牛。始载于《神农本草经》。

◆ **产地和分布**

两面针主产于中国台湾、福建、广东、海南、广西、贵州及云南。生长于海拔 800 米以下的温热地带，在山地、丘陵、平地的疏林、灌丛中及荒山草坡的有刺灌丛中较常见。

全年均可采挖，洗净，切片或段，晒干。商品药材来源于野生。

两面针叶

◆ **性状**

两面针为厚片或圆柱形短段，长 2 ～ 20 厘米，厚 0.5 ～ 6 厘米。表面淡棕黄色或淡黄色，有鲜黄色或黄褐色类圆形皮孔样斑痕。切面较光滑，皮部淡棕色，木部淡黄色，可见同心性环纹和密集的小孔。质坚硬气微香，味辛辣麻舌而苦。

两面针饮片

◆ **药性和功用**

两面针味苦、辛，性平，有小毒，归肝、胃经。具有活血化瘀、行气止痛、祛风通络、解毒消肿功能，用于跌扑损伤、胃痛、牙痛、风湿痹痛、毒蛇咬伤，外用可治烧烫伤。

◆ **成分和药理**

两面针主要含有生物碱（如两面针碱、白屈菜红碱、氯化两面针碱、氧化两面针碱）、木质素等，具有镇痛、消炎、止血、抗菌、镇静、解痉和抗癌等作用。

◆ **用法和禁忌**

两面针治疗喉闭、水饮不入，含化。治疗风湿骨痛，水煎服。治疗跌打损伤、风湿骨痛，泡酒一斤服。治疗烫伤，研成粉撒布局部，在撒粉前先用两面针煎水外洗。治疗对口疮，用两面针鲜根皮配红糖少许，捣烂外敷。治疗蛇咬伤，用鲜两面针水煎服，另用鲜根酒磨外敷。此外，也有保健作用，如用于牙膏中可消炎止疼。

煎服用量 5 ～ 10 克；外用适量，研末调敷或煎水洗患处。

芥 子

芥子是十字花科植物白芥或芥的干燥成熟种子，前者习称白芥子，后者习称黄芥子。温化寒痰药。始载于《名医别录》。

◆ **产地和分布**

白芥在中国辽宁、山西、山东、安徽、新疆、四川等省区引种栽培。芥在中国各地栽培。

夏末秋初果实成熟时采割植株，晒干，打下种子，除去杂质。商品药材主要来自栽培。

◆ **性状**

白芥子呈球形，直径 1.5 ～ 2.5 毫米。表面灰白色至淡黄色，具细微的网纹，有明显的点状种脐。种皮薄而脆，破开后内有白色折叠的子叶，有油性。气微，味辛辣。

黄芥子较小，直径 1 ～ 2 毫米。表面黄色至棕黄色，少数呈暗红棕色。研碎后加水浸湿，则产生辛烈的特异臭气。

◆ **药性和功用**

芥子味辛，性温，归肺经。具有温肺豁痰利气、散结通络止痛的功能，用于寒痰咳嗽、胸胁胀痛、痰滞经络、关节麻木疼痛、痰湿流注、阴疽肿毒。

中药芥子

◆ **成分和药理**

芥子主要含有生物碱（如芥子碱）、异硫氰酸酯（如芥子苷、白芥子苷）、有机酸（如芥子酸）等，具有祛痰、催吐、抑菌等作用。

◆ **用法和禁忌**

芥子辛散利气、温通祛痰、性散走窜，可治寒痰壅肺咳喘。治疗寒痰壅肺之咳喘胸闷气喘，常与化痰降气止咳平喘药物如苏子、莱菔子同用。治疗寒悬壅滞饮咳喘胸满胁痛者，可配伍甘遂、大戟等以豁痰逐饮。治疗冷哮日久的痰喘咳、悬饮，可配伍细辛、甘遂、麝香等研末。治疗痰湿流注所致的阴疽肿毒，常配伍鹿角胶、肉桂、熟地等药，以温阳化滞、消痰散结；治疗痰湿阻滞经络之肢体麻木或关节肿痛，可配马钱子、没药等，亦可单用研末，醋调敷患处。

煎服用量 3 ～ 6 克；外用适量，研末调敷或作发泡用。

高良姜

高良姜是姜科植物高良姜的干燥根茎。温里药。又称良姜、高凉姜、小良姜等。因出于高良郡（今广东茂名一带）形似姜，故名。始载于《名医别录》。

◆ **产地和分布**

高良姜产于中国广东、广西等地。野生于荒坡灌丛或疏林中，也可栽培。

夏末初秋采挖，除去须根和残留的鳞片，洗净，切段，晒干。商品药材主要来自栽培。

高良姜植株

◆ **性状**

高良姜呈圆柱形，多弯曲，有分枝，长5～9厘米，直径1～1.5厘米。表面棕红色至暗褐色，有细密的纵皱纹和灰棕色的波状环节。节间长

0.2～1厘米，一面有圆形的根痕。质坚韧，不易折断，断面灰棕色或红棕色，纤维性，中柱约占1/3，内皮层环较明显，散有维管束点痕。气香，味辛辣。

高良姜根茎

◆ 药性和功用

高良姜味辛，性热，归脾、胃经。具有温胃止呕、温中理气、散寒止痛功能，用于脘腹冷痛、胃寒呕吐、嗳气吞酸、诸寒疟疾、风牙疼痛、腮颊肿痛。

◆ 成分和药理

高良姜主要含二苯基庚烷类化合物（姜黄素、二氢姜黄素、六氢姜黄素等）、挥发油（1,8-桉叶素、桂皮酸甲酯、高良姜酚、丁香酚、α-蒎烯、

高良姜干燥根茎

β-蒎烯等）、黄酮（槲皮素、山柰酚、异鼠李素、高良姜素、槲皮素 -3-甲醚等）等，具有抗血栓形成、抗血小板聚集、抗溃疡形成、抗缺氧、止泻、利胆、镇痛、促进胃液分泌、兴奋肠道运动、抗菌、抗炎等作用。

高良姜饮片

◆ 用法和禁忌

高良姜治疗胃寒脘腹冷痛时多与干姜、炮姜相须为用；治疗肝郁犯胃的脘腹胀痛时，多与香附同用；治疗胃寒呕吐时，多与生姜、半夏等配伍；治疗虚寒之呕吐时，常与党参、白术、茯苓、砂仁、半夏等同用；治疗诸寒疟疾时，常与干姜、猪胆汁配伍。

煎服用量 3 ～ 6 克，研末服每次 3 克，也可入丸、散剂；外用适量，煎汤熏洗。阴虚内热者、实热证、虚热证均忌用。不宜与郁金同用。

葶苈子

葶苈子是十字花科植物播娘蒿或独行菜的干燥成熟种子，前者习称南葶苈子，后者习称北葶苈子。止咳平喘药。又称大適、丁历、大室。始载于《本草图经》。

◆ **产地和分布**

播娘蒿主产于中国江苏、安徽、山东，主销华东和中南地区。独行菜主产于中国河北、内蒙古、辽宁，主销东北、华北及青海、宁夏、四川等地。

夏季果实成熟时采割植株，晒干，搓出种子，除去杂质。商品药材主要来自栽培。

◆ **性状**

南葶苈子呈长圆形略扁，长0.8～1.2毫米，宽约0.5毫米。表面棕色或红棕色，微有光泽，具纵沟2条，其中1条较明显。一端钝圆，另一端微凹或较平截，种脐类白色，位于凹入端或平截处。气微，味微辛、苦，略带黏性。

北葶苈子呈扁卵形，长1～1.5毫米，宽0.5～1毫米。一端钝圆，另一端尖而微凹，种脐位于凹入端。味微辛辣，黏性较强。

◆ **药性和功用**

葶苈子味辛、苦，性大寒，归肺、膀胱经。具有泻肺平喘、行水消肿的功能，用于痰涎壅肺、

独行菜

喘咳痰多、胸胁胀满、不得平卧、胸腹水肿、小便不利。

◆ **成分和药理**

葶苈子主要含有黄酮（如槲皮素、山柰酚、异鼠李素、槲皮素 -3-O-β-D- 葡萄糖 -7-O-β-D 龙胆双糖苷）、强心苷、芥子油苷等，具有强心、利尿、抗菌、抗癌、祛痰等作用。

◆ **用法和禁忌**

葶苈子常与麻黄杏仁甘草石

中药葶苈子

膏汤、苓桂术甘汤等方配伍化痰、逐饮、利水。葶苈子配伍滑石，主治伤寒热盛、小便不利；配伍人参，主治水肿、喘满；配伍大黄，主治气喘咳嗽；配伍苏子，主治饮停上焦攻肺、喘满不得卧、面身水肿、小便不利；配伍麻黄，主治风寒外束、肺气郁闭或痰热壅肺所致喘咳。

煎服或入丸、散剂用量 3 ～ 10 克；外用适量，煎水洗或研末调敷。肺虚喘咳、脾虚肿满者忌服。量不宜大。

威灵仙

威灵仙是毛茛科植物威灵仙、棉团铁线莲或东北铁线莲的干燥根及根茎。祛风寒湿药。又称铁脚威灵仙。始载于《新修本草》。

◆ **产地和分布**

威灵仙产于中国安徽、江苏、浙江。生于山坡、山谷或灌丛中。秋季采挖，除去泥沙，晒干。商品药材主要来自栽培。

威灵仙植株

◆ **性状**

威灵仙根茎呈柱状，长 1.5 ～ 10 厘米，直径 0.3 ～ 1.5 厘米，表面淡棕黄色，顶端残留茎基，质较坚韧，断面纤维性，下侧着生多数细根。根呈细长圆柱形，稍弯曲，长 7 ～ 15 厘米，直径 0.1 ～ 0.3 厘米，表面黑褐色，有细纵纹，有的皮部脱落，露出黄白色木部。质硬脆，易折断，断面皮部较广，木部淡黄色，略呈方形，皮部与木部间常有裂隙。气微，味淡。

棉团铁线莲根茎呈短柱状，长 1 ～ 4 厘米，直径 0.5 ～ 1 厘米，根长 4 ～ 20 厘米，直径 0.1 ～ 0.2 厘米，表面棕褐色至棕黑色，断面木部圆形。味咸。

棉团铁线莲花

东北铁线莲根茎呈柱状，长1～11厘米，直径0.5～2.5厘米。根较密集，长5～23厘米，直径0.1～0.4厘米，表面棕黑色，断面木部近圆形。味辛辣。

◆ **药性和功用**

威灵仙味辛、咸，性温，有毒，归膀胱经。具有祛风湿、通络止痛、消骨鲠、消痰逐饮功能，用于风寒湿邪所致之痹痛、诸骨鲠咽、跌打损伤、头痛、痰饮、噎膈、痞积。

◆ **成分和药理**

威灵仙主要含皂苷（威灵仙皂苷A、B，常春藤皂苷元）、黄酮（橙皮苷、大豆素）、三萜，具有抗炎、镇痛、保肝利胆、促尿酸排泄、松弛平滑肌等作用。

◆ **用法和禁忌**

威灵仙可祛风胜湿、温经通络。若配伍牛膝，可增强祛风胜湿、活血通络止痛之功，用于治疗寒湿阻滞之

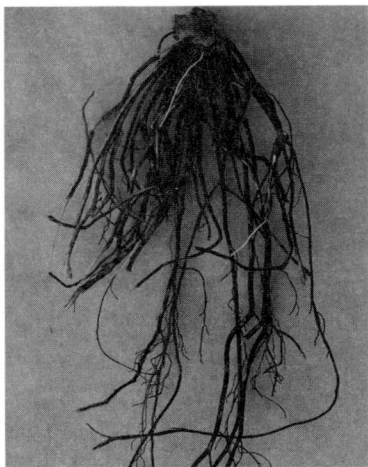

棉团铁线莲根

关节疼痛、屈伸不利等以下半身为重者；治疗上半身痹痛，多配伍羌活。治疗下肢水肿疼痛，多配伍防己、苍术等。治疗诸骨鲠喉伴恶心欲吐而不出者，可配伍砂仁，行气和胃。

煎汤用量 6 ～ 10 克，外用适量。气血虚弱，无风寒湿邪者慎服。

中药威灵仙

吴茱萸

吴茱萸是芸香科植物吴茱萸、石虎或疏毛吴茱萸的干燥近成熟果实。温里药。又称食茱萸、吴萸、茶辣。始载于《神农本草经》。

◆ **产地和分布**

吴茱萸主产于中国浙江、贵州、湖南、四川、广西等地。生于平地至海拔 1500 米灌木丛或山地疏林中，多见于向阳坡地。

8 ～ 11 月果实尚未开裂时，剪下果枝，晒干或低温干燥，除去枝、叶、果梗等杂质。商品药材主要来自栽培。

吴茱萸植株

◆ 性状

吴茱萸呈球形或略呈五角状扁球形，直径 0.2 ～ 0.5 厘米。表面暗黄绿色至褐色，粗糙，有多数点状突起或凹下的油点。顶端有五角星状的裂隙，基部残留被有黄色茸毛的果梗。质硬而脆，横切面可见子房 5 室，每室有淡黄色种子 1 粒。气芳香浓郁，味辛辣而苦。

吴茱萸花

◆ **药性和功用**

吴茱萸味辛、苦，性热，有小毒，归肝、脾、胃、肾经。具有散寒止痛、降逆止呕、助阳止泻功能，用于厥阴头痛、寒疝腹痛、寒湿脚气、经行腹痛、脘腹胀痛、呕吐吞酸、五更泄泻。

中药吴茱萸

◆ **成分和药理**

吴茱萸主要含挥发油（吴茱萸烯、月桂烯、吴茱萸内酯、罗勒烯、吴茱萸内酯醇）、生物碱（吴茱萸酸、吴茱萸啶酮、吴茱萸苦素、吴茱萸精）等，具有降压、抑制平滑肌、抗血小板聚集、镇痛、抑菌、保肝、抗溃疡等作用。

◆ **用法和禁忌**

吴茱萸可用于治疗厥阴头痛、苔白脉迟、干呕吐沫等症，常与生姜、人参等同用；治疗寒疝腹痛，常配伍小茴香、木香等；治冲任虚寒、瘀血阻滞之痛经，可与桂枝、当归、川芎等配伍；治疗寒湿脚气水肿等症，可与木瓜、苏叶配伍；治疗乱心腹痛、呕吐不止，常与干姜、甘草等同用；治外寒内侵、胃失和降之呕吐等症，与生姜、半夏等配伍；与黄连配伍，可治肝郁化火、肝胃不和所致的呕吐吞酸等症；治疗脾肾阳虚、五更泄泻，多配伍补骨脂、肉豆蔻、五味子等。

吴茱萸饮片

煎服用量 2 ~ 5 克。阴虚有热者及无寒湿滞气者忌用，不宜久服，多服易耗气动火。

半　夏

半夏是天南星科植物半夏的干燥块茎。温化寒痰药。又称地文、三叶老、三步跳等。常炮制后使用，根据炮制方法不同，分别称生半夏、法半夏、清半夏和姜半夏。始载于《神农本草经》。

◆ **产地和分布**

半夏除在中国内蒙古、新疆、青海、西藏尚未发现野生的外，其他各地均广泛分布，常见于海拔 2500 米以下的草坡、荒地、玉米地、田边或疏林下。

　　夏、秋二季采挖，洗净，除去外皮和须根，晒干。商品药材主要来自栽培。

◆ **性状**

　　半夏呈类球形，有的稍偏斜，直径 1 ～ 1.5 厘米，表面白色或浅黄色，顶端有凹陷的茎痕，周围密布麻点状根痕；下面钝圆，较光滑。质坚实，断面洁白，富粉性。气微，味辛辣、麻舌而刺喉。

半夏植株

◆ **药性和功用**

　　半夏味辛、性温，有毒，归脾、胃、肺经。具有燥湿化痰、降逆止呕、消痞散结的功能，用于湿痰寒痰、咳喘痰多、痰饮眩悸、风痰眩晕、

半夏块茎

痰厥头痛、呕吐反胃、胸脘痞闷、梅核气，外用可治痈肿痰核。

◆ **成分和药理**

半夏含有生物碱（如麻黄碱、胆碱、葫芦巴碱等）、半夏蛋白（如半夏凝集素 PTL）、有机酸（如琥珀酸）、挥发油（如 3-乙酰氨基-5-甲基异噁唑、丁基乙烯基醚）、半夏淀粉、甾醇、黄酮、鞣质等，具有镇吐、镇咳祛痰、抗癌、抗生育抗早孕、抗心律失常等作用。

中药半夏

◆ **用法和禁忌**

半夏辛温而燥，为燥湿化痰、温化寒痰之要药，并具有止咳作用，尤善治湿痰咳嗽症。治疗湿痰阻肺、咳嗽气逆、痰多质稀，常与其他化痰利湿药如陈皮、茯苓等配伍。治疗寒饮咳喘、痰多清稀，可配伍温肺化饮药如干姜、细辛等。治疗湿痰上蒙清窍、眩晕、头痛、痰多、胸膈满闷等，常与燥湿健脾、化痰息风药如白术、天麻等配伍。半夏还长于降逆和胃，尤宜于痰饮或胃寒所致的呕吐，常与生姜配伍，以增强化痰散寒止呕之效。此外，半夏还具有辛散消痞、化痰散结之功。外用还能消肿止痛。

内服一般炮制后使用，用量 3 ～ 9 克；外用适量，磨汁涂或研末以酒调敷患处。不宜与川乌、制川乌、草乌、制草乌、附子同用；生品内服宜慎。

厚　朴

厚朴是木兰科植物厚朴或凹叶厚朴的干燥树干皮、根皮及枝皮。芳香化湿药。又称厚皮、赤朴、烈朴。始载于《神农本草经》。

◆ **产地和分布**

厚朴产于中国西北、西南、华中地区。生于海拔 300 ～ 1500 米的山地林间。

凹叶厚朴产于中国华东、华中、华南地区。生于海拔 300 ～ 1400 米的林中。4 ～ 6 月剥取，根皮和枝皮直接阴干；干皮置沸水中微煮后，堆置阴湿处，"发汗"至内表面变紫褐色或棕褐色时，蒸软，取出，卷成筒状，干燥。商品药材主要来自栽培。

厚朴植株

◆ **性状**

厚朴干皮呈卷筒状或双卷筒状，
长 30 ～ 35 厘米，厚 0.2 ～ 0.7 厘米，
习称"筒朴"；近根部的干皮一端展
开如喇叭口，长 13 ～ 25 厘米，厚
0.3 ～ 0.8 厘米，习称"靴筒朴"。外
表面灰棕色或灰褐色，粗糙，有时呈
鳞片状，较易剥落，有明显椭圆形皮
孔和纵皱纹，刮去粗皮者显黄棕色。
内表面紫棕色或深紫褐色，较平滑，

厚朴枝干

具细密纵纹，划之显油痕。质坚硬，不易折断，断面颗粒性，外层灰棕色，
内层紫褐色或棕色，有油性，有的可见多数小亮星。气香，味辛辣、微苦。
根皮呈单筒状或不规则块片；有的弯曲似鸡肠，习称"鸡肠朴"。质硬，
较易折断，断面纤维性。枝皮呈单筒状，长 10 ～ 20 厘米，厚 0.1 ～ 0.2

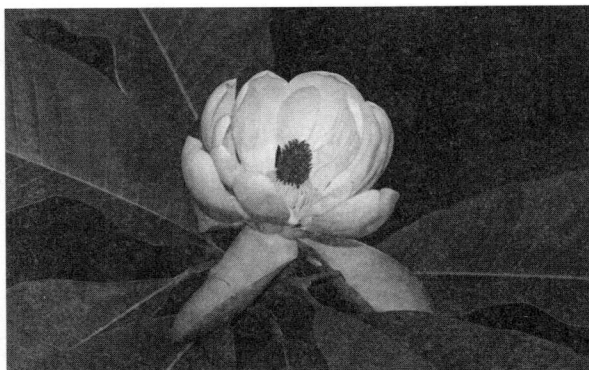

厚朴花

厘米。质脆，易折断，断面纤维性。

◆ **药性和功用**

厚朴味苦、辛，性温，归脾、胃、肺、大肠经。具有燥湿消痰、下气除满、降逆平喘功能，用于湿滞伤中、脘痞吐泻、食积气滞、腹胀便秘、痰饮喘咳。

中药厚朴

◆ **成分和药理**

厚朴主要含酚类（厚朴酚、和厚朴酚、四氢厚朴酚、异厚朴酚）、生物碱（厚朴碱、木兰花碱、武当木兰碱）、挥发油（桉叶醇、胡椒烯）等，具有抗氧化、抗菌、抗炎、镇痛、抗肿瘤、心肌保护、钙拮抗、抗凝血、保肝护肝、抗焦虑、抗抑郁、降压等作用。

◆ **用法和禁忌**

厚朴配伍苍术、陈皮等，可治疗寒湿阻中；配伍黄连、栀子等，治湿热阻中；配伍枳实、大黄，治实热结滞肠道；配伍山楂、麦芽，治食积胀满；配伍木香、肉桂，治寒凝气滞；配伍杏仁、苏子、半夏，治痰饮喘咳。

煎服用量3～10克，或入丸、散。气虚、津伤血亏者禁服；孕妇慎用。

细　辛

细辛是马兜铃科植物北细辛、汉城细辛或华细辛的干燥根和根茎，前二种习称"辽细辛"。发散风寒药。始载于《神农本草经》。

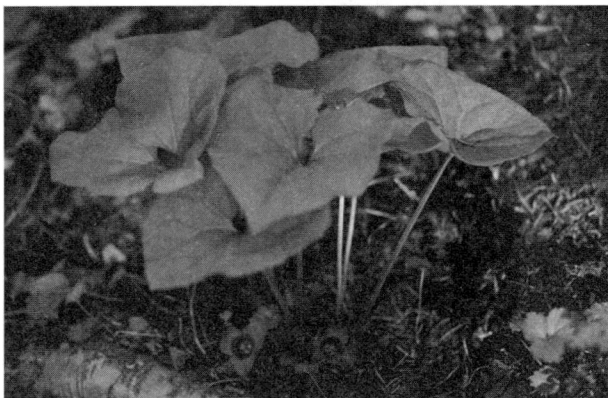

汉城细辛植株

◆ 产地和分布

北细辛分布于中国东北地区。汉城细辛分布于中国辽宁、吉林，以及朝鲜边境。生于山坡林下、山沟土质肥沃而阴湿地上。

华细辛分布于中国浙江、安徽、江西、山东、河南、湖北、四川、贵州、云南、陕西等省。夏季果熟期或初秋采挖，除净地上部分和泥沙，阴干。商品药材来源于栽培或野生。

汉城细辛花

◆ **性状**

北细辛常卷曲成团。根茎横生呈不规则圆柱状，具短分枝，长1～10厘米，直径0.2～0.4厘米；表面灰棕色，粗糙，有环形的节，节间长0.2～0.3厘米，分枝顶端有碗状的茎痕。根细长，密生节上，长10～20厘米，直径0.1厘米；表面灰黄色，平滑或具纵皱纹；有须根和须根痕；质脆，易折断，断面平坦，黄白色或白色。气辛香，

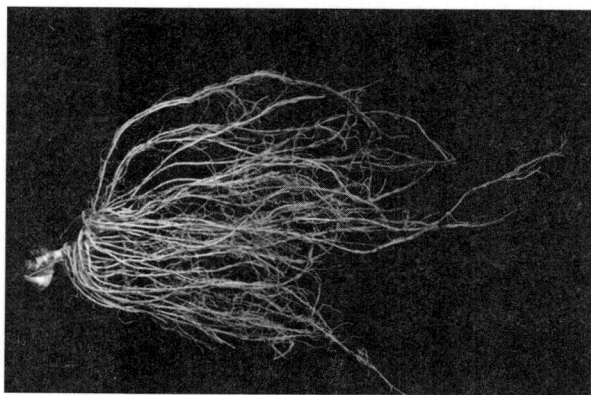

汉城细辛根

味辛辣、麻舌。汉城细辛根茎直径 0.1 ～ 0.5 厘米，节间长 0.1 ～ 1
厘米。

华细辛根茎长 5 ～ 20 厘米，直径 0.1 ～ 0.2 厘米，节间长 0.2 ～ 1 厘米。
气味较弱。

◆ **药性和功用**

细辛味辛，性温，有小毒，归心、肺、肾经。具有解表散寒、祛风
止痛、通窍、温肺化饮功能，用于风寒感冒、头痛、牙痛、鼻塞流涕、
鼻衄、鼻渊、风湿痹痛、痰饮喘咳。

◆ **成分和药理**

细辛主要含有挥发油、木脂素类、黄酮类、甾体类以及多糖类等。
具有解热镇静、抗炎镇痛、止咳祛痰平喘、免疫抑制、抗菌、抗病毒、
强心、调节血压、局部麻醉等作用。细辛的毒性成分为马兜铃酸类，主
要损伤肾功能。

◆ **用法和禁忌**

细辛长于解表散寒、祛风止痛，用治外感风寒、头身疼痛较甚者，
常与羌活、防风、白芷等祛风止痛药配伍使用；治风寒感冒导致的鼻塞
流涕者，可配伍白芷、苍耳子等药。治阳虚外感，恶寒发热、无汗、脉
反沉者，可配麻黄、附子。细辛还长于治疗风寒性头痛、牙痛、痹痛等
诸多寒痛证，且为治鼻渊之良药，常与白芷、苍耳子、辛夷等散风寒、
通鼻窍药配伍。与散寒宣肺、温化痰饮药同用时，可治风寒咳喘证或寒
饮咳喘证。如治疗外感风寒，水饮内停之恶寒发热、无汗、喘咳、痰多

清稀者，常与麻黄、桂枝、干姜等同用；治疗寒痰停饮射肺、咳嗽胸满、气逆喘急者，可配伍茯苓、干姜、五味子等药。

煎服用量1～3克，散剂每次服0.5～1克。气虚多汗、阴虚阳亢头痛、肺燥伤阴干咳者或肺热咳嗽者忌用。不宜与藜芦同用。用量不宜过大。

郁　金

郁金是姜科植物温郁金、姜黄、广西莪术或蓬莪术的干燥块根。前两者分别习称"温郁金"和"黄丝郁金"，广西莪术的则称"桂郁金"或"莪苓"，蓬莪术习称"绿丝郁金"。活血止痛药。又称玉金、白丝郁金等。始载于《新修本草》。

◆ 产地和分布

郁金产于中国东南部至西南部各省区。栽培或野生于林下。东南亚各地亦有分布。

温郁金产于中国浙江瑞安，栽培于土层深厚、排水良好的砂壤土中。本种的新鲜根茎切片称"片姜黄"。冬季茎叶枯萎后采挖，除去泥沙及细根，蒸或煮至透心，干燥。商品药材主要来自栽培。

郁金植株

◆ 性状

温郁金呈长圆形或卵圆形，稍扁，

有的微弯曲，两端渐尖。长 3.5 ～ 7 厘米，直径 1.2 ～ 2.5 厘米。表面灰褐色或灰棕色，具不规则的纵皱纹，纵纹隆起处色较浅。质坚实，断面灰棕色，角质样；内皮层环明显。气微香，味微苦。黄丝郁金呈纺锤形，有的一端细长，长 2.5 ～ 4.5 厘米，直径 1 ～ 1.5 厘米。表面棕灰色或灰黄色，具细皱纹，断面橙黄色，外周棕黄色至棕红色。气芳香，味辛辣。桂郁金呈长圆锥形或长圆形，长 2 ～ 6.5 厘米，直径 1 ～ 1.8 厘米。表面具疏浅纵纹或较粗糙网状皱纹。气微，味微辛苦。

郁金块根

绿丝郁金呈长椭圆形，较粗壮，长 1.5 ～ 3.5 厘米，直径 1 ～ 1.2 厘米。气微，味淡。

◆ 药性和功用

郁金味辛、苦，性寒，归肝、心、肺经。具有行气化瘀、清心解郁、利胆退黄功能，用于经闭痛经、胸腹胀痛、刺痛、热病神昏、癫痫发狂、黄疸尿赤。

◆ 成分和药理

郁金主要含姜黄素（如姜黄素、脱甲氧基姜黄素、双脱甲氧基姜黄素等）、挥发油等，具有镇痛、抗抑郁、保肝、免疫抑制、抑菌、抗癌、抗辐射损伤等作用。

中药郁金

◆ **用法和禁忌**

郁金能行能散，既能活血，又能行气，故可治气血瘀滞之痛证。常与木香配伍，气郁倍木香，血瘀倍郁金；若治肝郁气滞之胸胁刺痛，可配柴胡、白芍、香附等药用。治疗心血瘀阻之胸痹心痛，可配伍瓜蒌、薤白、丹参等药；治疗肝郁有热、气滞血瘀之痛经、乳房作胀，常配柴胡、栀子、当归、川芎等药；治疗癥瘕痞块，可配伍鳖甲、莪术、丹参、青皮等。郁金还能解郁开窍，且性寒入心经，能清心热，故可用于痰浊蒙蔽心窍、热陷心包之神昏，配伍石菖蒲、栀子；治疗癫痫痰闭之证，可配伍白矾以化痰开窍。郁金入肝经血分而能凉血降气止血，可用于气火上逆之吐血、衄血、倒经，配伍生地黄、丹皮、栀子等以清热凉血、解郁降火；治疗热结下焦、伤及血络之尿血、血淋，可与生地黄、小蓟等药同用。此外，郁金还能清利肝胆湿热，治疗湿热黄疸，配伍茵陈、栀子；配伍金钱草可治胆石症。煎服用量3～9克。阴虚失血及无气滞血瘀者忌服，孕妇慎服。

骆驼蓬子

骆驼蓬子是蒺藜科植物骆驼蓬的干燥成熟种子。药材维语名音译名"阿德热斯曼欧如合""阿德拉斯曼乌热克""阿地拉斯曼""百子如力艾尔买力"等。维吾尔族医学常用药材。

维医药文献《保健药园》《拜地依药书》《药物之园》等均有记载。《中华人民共和国卫生部药品标准·维吾尔药分册》亦有收载。

◆ 产地

在中国，骆驼蓬分布于宁夏、内蒙古、甘肃、新疆、西藏等地，生长于荒漠地带的干旱草地、轻度盐渍化沙地、河谷沙丘等环境，生长海拔可达 3600 米。夏、秋季果实成熟时采集果实，晒干，打下种子。

骆驼蓬植株

◆ 性状

药材（种子）呈三棱形，稍弯，长 2～3 毫米，径约 1.5 毫米，棕色至黑褐色，表面具小瘤状突起而粗糙，一端较钝，另一端稍尖。切面外层棕褐色，内部白色。气微，味辛辣味苦，有麻舌感。

◆ **药性和功用**

骆驼蓬子二级干，三级热，味苦。功能坚固筋脉，助阳暖阴（生殖器官），清除黏稠体液，消散寒湿之气。用于筋脉软弱，关节骨痛，外阴冰凉，阳弱尿少，咳嗽痰多，偏瘫，健忘，神昏头痛，月经不调。

◆ **成分**

骆驼蓬子含生物碱类成分（3.92% ～ 7.0%）：去氢骆驼蓬碱、骆驼蓬碱、去甲骆驼蓬碱、鸭嘴花碱、脱氧鸭嘴花酮碱等；黄酮类成分：槲皮素和山奈酚等，此外，还含有骆驼蓬蒽酮、氨基酸、蛋白质，以及铁、锰、铜、锌等。

◆ **药理**

骆驼蓬子的总生物碱在较高剂量下对东莨菪碱和 30% 乙醇所致记忆获得性障碍和记忆再生性障碍有一定的改善作用；对体外培养的人宫颈癌细胞生长有抑制作用；对人肺腺癌细胞（NCI-446）、大肠癌细胞（SWWC116）、人宫颈癌细胞（Hela）等六种体外培养的人癌细胞、三种杂种鼠移植性肿瘤、三种人癌裸鼠移植动物有抑瘤作用，其作用机制与诱导肿瘤细胞凋亡有关；可降低麻醉兔血压，抑制呼吸，使在体兔心率减慢、收缩力增强；可对抗去甲肾上腺素对主动脉条的收缩作用；可防止阿司匹林、吲哚美辛引起的小鼠胃黏膜损伤。去氢骆驼蓬碱能提高 5-HT2 受体活性。此外尚有平滑肌松弛、抑菌、抗原虫等作用。

◆ 应用

《保健药园》记载骆驼蓬子主治寒性头痛、坐骨神经痛、瘫痪、面瘫、抽搐、癫狂、气喘咳嗽、小便不利、月经不调等；《拜地依药书》还言可外用于关节炎、目糊视弱、肠虫、肠梗阻、坐骨神经痛、胸肺黏性黏液质增多、脑身不温等；《药物之园》云能软化和散发异常体液质，清除胸肺黏性液体，清除异常脾液质和黏液质，散除肠中之气和脓性物质，壮阳肥体，催乳利尿，通阻调经，平喘止咳等。骆驼蓬子具有多方面的功效，维医临床主要用于湿寒性或黏液质性疾病，单味或配伍于复方中外用或内服使用。如骆驼蓬子研末，以开水调敷治疗关节炎；以蜂蜜、西红花、茴香汁等调敷治目糊视弱；以果汁冲服治疗寒性头痛、日久癔病；以骆驼蓬子为主药的"复方骆驼蓬子软膏"，功能是清泻局部异常脾液质和黏液质、消肿止痒、散气止痛，用于湿寒所引起的关节酸痛、风湿性关节炎、坐骨神经痛、湿疹、疥癣、疥疮等；配伍有骆驼蓬子的"行滞罗哈尼孜牙片"，功能是行气散结、调畅体液，用于肢体麻木、白癜风、白斑、瘫痪、坐骨神经痛；"复方木尼孜其颗粒"，功能是调节体液及气质，是四种异常体液质的成熟剂。用量：内服 2～6 克，外用适量；或入蜜膏、舔剂、汤剂、丸剂、散剂、敷剂等。

◆ 禁忌

维医认为骆驼蓬子可引起头痛，多与酸石榴等酸味食物同用。骆驼蓬子味较苦，宜与蜂蜜等甜味剂调用，或装入胶囊内吞服。

蟾 酥

蟾酥是蟾蜍科动物中华大蟾蜍或黑眶蟾蜍的干燥分泌物。攻毒杀虫止痒药。始载于《药性论》。

◆ 产地和分布

蟾蜍主产于中国河北、山东、四川、湖南、江苏、浙江等地，此外，辽宁、湖北、新疆亦产。

多于夏、秋二季捕捉蟾蜍，洗净，挤取耳后腺及皮肤腺的白色浆液，加工，干燥。中华大蟾蜍和黑眶蟾蜍被《国家重点保护野生药材物种名录》列为Ⅱ级保护动物。商品药材主要来源于野生。

◆ 性状

蟾酥呈扁圆形团块状或片状。棕褐色或红棕色。团块状者质坚，不易折断，断面棕褐色，角质状，微有光泽；片状者质脆，易碎，断面红棕色，半透明。气微腥，味初甜而后有持久的麻辣感，粉末嗅之作嚏。

◆ 药性和功用

蟾酥味辛，性温，有毒，归心经。具有解毒、止痛、开窍醒神之功，用于痈疽疔疮、咽喉肿痛、中暑神昏、痧胀腹痛吐泻。

◆ 成分和药理

蟾酥主要含有甾族（蟾毒它灵、远华蟾毒精、日本蟾毒它灵、蟾毒它里定、华蟾毒它灵、蟾毒灵-3-辛二酸精氨酸酯等）、吲哚类生物碱（蟾蜍色胺、华蟾蜍色胺、蟾蜍特尼定、蟾蜍硫堇等）等，具有强心、兴奋呼吸、升高血压、局部麻醉、镇痛、抗炎、抗肿瘤、抗放射等作用。

◆ **用法和禁忌**

蟾酥有很好的解毒消肿、麻醉止痛作用。配伍麝香、朱砂等，用葱白汤送服可治痈疽及恶疮；与牛黄、冰片等配伍，可治咽喉肿痛及痈疖。蟾酥有辟秽化浊、开窍醒神之功，与麝香、丁香、雄黄等配伍，用于治疗暑湿秽浊或饮食不洁导致的痧胀腹痛、呕吐不止。

内服用量 0.015 ～ 0.03 克，多入丸散；外用适量，研末调敷，或掺膏药内贴等。内服慎勿过量，外用不可入目，孕妇禁服。

两头尖

两头尖是毛茛科植物多被银莲花的干燥根茎。祛风寒湿药。又称多被银莲花。始载于《品汇精要》。

◆ **产地和分布**

多被银莲花产于中国东北三省及山东东北部、河北、山西等地，以

多被银莲花

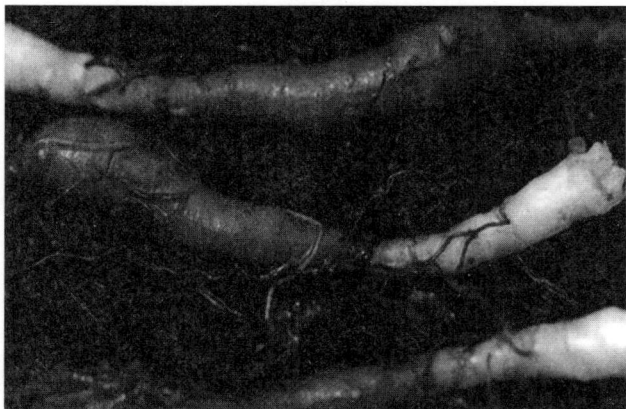

多被银莲花根茎

吉林、山东产量最多。生于海拔 800 米左右的山地林中或草地阴处。

夏季采挖，除去须根，洗净，干燥。商品药材主要来自栽培。

◆ **性状**

两头尖呈类长纺锤形，两端尖细，微弯曲。其中近一端处较膨大。长 1 ～ 3 厘米，直径 2 ～ 7 毫米。表面棕褐色至棕黑色，具微细纵皱纹，膨大部位常有 1 ～ 3 个支根痕呈鱼鳍状突起，偶见不明显的 3 ～ 5 环节。质硬而脆，易折断，断面略平坦，类白色或灰褐色，略角质样。无臭，味先淡后微苦而麻辣。

◆ **药性和功用**

两头尖味辛，性热，有毒，归脾经。具有祛风湿、消痈肿功能，用于风寒湿痹、四肢拘挛、骨节疼痛、痈肿溃烂。

◆ **成分和药理**

两头尖主要含三萜及其苷类（竹节香附素 A，两头尖皂苷 D、F、H，

两头尖饮片

羽扇豆醇）、香豆素（4,7- 二甲氧基 -5- 甲氧基香豆素）等，具有抗炎、镇痛、抗肿瘤、抗惊厥、抗组胺、抗菌作用。

◆ 用法和禁忌

两头尖辛热温通，善祛风除湿，且散寒之力较强，尤善于发散，故常用于寒胜之痛痹，如风寒湿痹、关节疼痛，可与制川乌配伍，凡风寒湿痹痛甚者，以及寒疝腹痛、胸痹心痛等均可用之。若配伍牛膝，可治疗肝肾亏虚所致的腰膝酸痛乏力及瘀血阻滞的跌打伤痛等。此外，两头尖辛热有毒，还可与清热解毒药合用治疗邪毒内壅、肉腐成痈、以毒攻毒，以发挥其消肿止痛之效。

煎服用量1～3克，或入丸、散；外用研末撒膏药上敷贴。孕妇禁用。

白附子

白附子是天南星科植物独角莲的干燥块茎。温化寒痰药。又称禹白附子、独角莲等。始载于《名医别录》。

◆ **产地和分布**

独角莲为中国特有，产于河北、山东、吉林、辽宁、河南、湖北、陕西、甘肃、四川至西藏南部，在辽宁、吉林、广东、广西有栽培。生长于荒地、山坡、水沟旁，海拔通常在 1500 米以下。

秋季采挖，除去须根和外皮，晒干。商品药材来自栽培或野生。

白附子块茎

◆ **性状**

白附子呈椭圆形或卵圆形，长 2～5 厘米，直径 1～3 厘米。表面白色至黄白色，略粗糙，有环纹及须根痕，顶端有茎痕或芽痕。质坚硬，断面白色，粉性。气微，味淡、麻辣刺舌。

◆ **药性和功用**

白附子味辛，性温，有毒，归胃、肝经。具有祛风痰、定惊搐、解毒散结、止痛的功能，用于中风痰壅、口眼㖞斜、语言謇涩、惊风癫痫、破伤风、痰厥头痛、偏正头痛、瘰疬痰核、毒蛇咬伤。

◆ 成分和药理

白附子主要含苷类（如白附子脑苷 A、B、C、D，芸苔甾醇苷，松柏苷）、有机酸（如琥珀酸、亚麻酸、桂皮酸）、挥发油（如己醛、2-庚醇、1-辛烯-3-醇、樟脑）等，具有镇静、抗痉、抗破伤风、抗菌、抗炎、抗肿瘤、祛痰等作用。

◆ 用法和禁忌

白附子多用于头面部之风痰诸证。治疗中风口眼㖞斜，常配伍全蝎、僵蚕等息风止痉、通络药物；治疗风痰壅盛之惊风、癫痫及痰厥头痛，常与半夏、天南星等化痰息风药配伍。治疗偏头痛，常与白芷、川芎等祛风止痛药配伍。治疗瘰疬痰核，可鲜品捣烂外敷。

中药白附子

煎服用量 3～6 克，研末服 0.5～1 克，生品一般不内服，宜炮制后用。热盛动风、血虚生风及孕妇均不宜用。

黑三棱

黑三棱是被子植物单子叶植物禾本目香蒲科黑三棱属的一种。名出《本草纲目》，以叶背中脉突出呈三棱形而得名。

中国除华南地区外，黑龙江、吉林、辽宁、内蒙古、河北、山西、陕西、山东、甘肃、新疆、西藏、江苏、江西、湖北、云南、浙江、安徽等多个省区均有分布，以北方为多见，常生于海拔 1500 米以下的沼泽、河沟、水塘或水田浅水处，西藏可生长在 3600 米的高山水域中。中亚、东北亚、俄罗斯远东及亚洲西南部和北美亦有分布。

多年生水生或沼生草本。具有

黑三棱的花序

膨大的块茎以及横走粗壮的根状茎。茎高 0.6～1.5 米，粗壮直立，挺水。叶丛生，呈 2 列，长条形，长 40～95 厘米，宽 0.8～1.4 厘米，全缘，中脉在下面突出成棱，基部呈三棱形，抱茎；花单性，顶生圆锥花序，长可达 60 厘米，具有叶状苞片，具花序分枝 3～7 个，每个分枝上着生多个具有雄花的头状花序和 1～2 个具有雌花的头状花序，而圆锥花序顶端的通常只有雄性头状花序，无雌性头状花序；雄性头状花序球形，花被片 3～4，早落，雄蕊 3，花丝丝状，弯曲，褐色，花药近倒圆锥形；雌花花被长 3～4 枚，着生于子房基部，宿存，子房无柄，多 1 室，胚珠 1 枚顶生，花柱与子房近等长，柱头钻形。果期整个头状花序形成聚花果，果实似瘦果或坚果，上部多膨大呈冠状，具棱，褐色。花果期 5～10

黑三棱的果序

月。染色体数目未知。

黑三棱的干燥块茎是中国常用的中药，始载于《本草拾遗》，即"三棱"，表面黄白色或灰黄色，有刀削痕，须根上的痕呈小点状。性辛、苦，平，味淡，嚼之微有麻辣感，具有破血行气、消积止痛之功效，可用于癥瘕痞块、痛经、瘀血经闭、胸痹心痛、食积胀痛。

三　棱

三棱是黑三棱科植物黑三棱的干燥块茎。破血消癥药。又称京三棱、光三棱等。始载于《本草拾遗》。

◆ 产地和分布

黑三棱产于中国河南、安徽、浙江、江苏、黑龙江、吉林、辽宁、山西、陕西、甘肃、新疆、江西、湖北、云南等省区。

冬季至次年春季采挖，洗净，削去外皮，晒干。商品药材来源于野生。

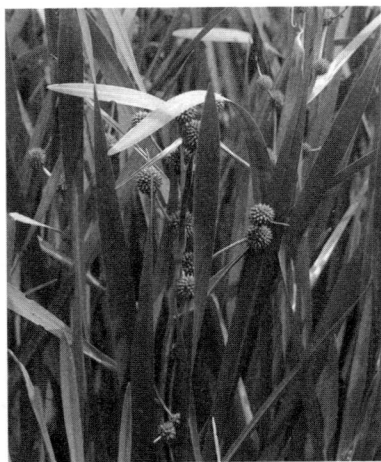

黑三棱植株

◆ **性状**

三棱呈圆锥形，略扁，长 2～6 厘米，直径 2～4 厘米。表面黄白色或灰黄色，有刀削痕，须根痕小点状，略呈横向环状排列。体重，质坚实。气微，味淡，嚼之微有麻辣感。

◆ **药性和功用**

三棱味辛、苦，性平，归肝、脾经。具有破血行气、消积止痛功能，用于癥瘕痞块、痛经、瘀血经闭、胸痹心痛、食积胀痛。

◆ **成分和药理**

三棱主要含有挥发油、有机酸（各种脂肪酸）、甾体、黄酮（芒柄花素、山柰酚等）、苯丙素等，具有抗血栓形成、促凝血、降低全血黏度、促进肠蠕动、抗肿瘤、镇痛等作用。

黑三棱花果

◆ **用法和禁忌**

三棱既入血分，又入气分，能破血散瘀、消癥化积、行气止痛，适用于气滞血瘀、食积日久而成的癥瘕积聚，以及气滞、血瘀、食停、寒凝所致的诸般痛证，常与莪术相须为用。治疗癥瘕痞块，常与莪术、当归、香附等同用，还可治经闭腹痛；治疗胁下痞块，可配伍丹参、莪术、鳖甲、柴胡等药用；治疗血瘀经闭、痛经，常配伍当归、红花、牡丹皮

黑三棱果实

中药三棱

等；治疗胸痹心痛，可配伍丹参、川芎用；治疗体虚而瘀血久留不去，配伍黄芪、党参等以消补兼施。三棱还能行气止痛、消食化积，治疗食积不化之脘腹胀痛，可配伍青皮、槟榔；若配伍党参、茯苓、白术等补气健脾药，可治脾虚食积之脘腹胀痛。三棱既破血祛瘀，又消肿止痛，可用于跌打损伤、瘀肿疼痛，常与其他祛瘀疗伤药同用。醋制后可加强祛瘀止痛作用。煎服用量 3 ～ 10 克。

天南星

天南星是天南星科植物天南星、异叶天南星或东北天南星的干燥块茎。温化寒痰药。又称虎掌、半夏精、蛇芋等。始载于《神农本草经》。

◆ **产地和分布**

天南星在中国除内蒙古、黑龙江、吉林、辽宁、山东、江苏、新疆外，其他各省（市、区）都有分布。在海拔 3200 米以下的林下、灌丛、草坡、荒地均有生长。

异叶天南星除中国西北、西藏外，其他大部分地区都有分布。生长于海拔 2700 米以下的林下、灌丛或草地。

东北天南星产于中国北京、河北、内蒙古、宁夏、陕西、山西、黑龙江、吉林、辽宁、山东至河南信阳。生于海拔 50 ~ 1200 米的林下和沟旁。

商品药材主要来源于野生。

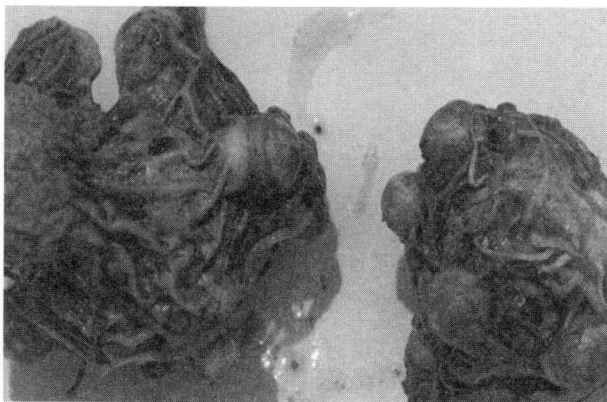

天南星块茎

◆ **性状**

天南星呈扁球形，高 1 ～ 2 厘米，直径 1.5 ～ 6.5 厘米。表面类白色或淡棕色，较光滑，顶端有凹陷的茎痕，周围有麻点状根痕，有的块茎周边有小扁球状侧芽。质坚硬，不易破碎，断面不平坦，白色，粉性。气微辛，味麻辣。

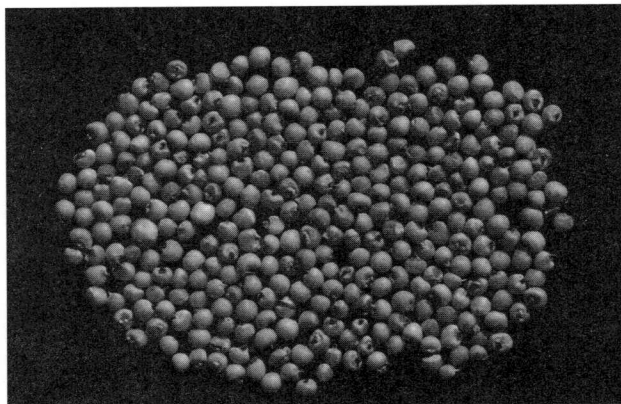

中药天南星

◆ **药性和功用**

天南星味苦、辛，性温，有毒，归肺、肝、脾经。具有散结消肿功能，外用可治痈肿、蛇虫咬伤。

◆ **成分和药理**

天南星主要含有生物碱、黄酮、木脂素、苯丙素、萜类、甾体等，具有抗惊厥、镇痛、镇静、抗心律失常、抗炎、抗肿瘤、祛痰等作用。

◆ **用法和禁忌**

天南星常用治湿痰、寒痰证。治疗湿痰阻肺、咳嗽痰多、胸闷苔腻，常与燥湿化痰药如半夏、陈皮同用。治疗痰热咳嗽，可与黄芩、瓜蒌等清肺化痰药配伍。天南星既能燥湿化痰又善息风止痉，常用于风痰诸证。此外，生品外用还能散结消肿止痛，可用治痈疽痰核肿痛。

煎服用量 3 ～ 10 克，一般宜制过用；生品多外用，外用适量研末以醋或酒调敷患处。天南星对人体的呼吸道、消化系统和皮肤黏膜有很强的刺激性，误食天南星块茎或其他部位可导致咽喉炽热痛、口舌麻木、黏膜糜烂、张口困难等症状，严重者中枢神经系统受到影响，出现头晕、心慌、心悸、四肢麻木、呼吸缓慢而后出现麻痹、窒息、惊厥或昏迷。

蒜泥灸

蒜泥灸是将蒜泥敷贴于腧穴或患部，使皮肤充血、发泡，甚至化脓，以治疗全身疾病的中医外治法。天灸之一。

操作方法：将紫皮蒜捣烂如泥，取 3 ～ 5 克贴敷在腧穴上，敷灸时间为 1 ～ 3 小时，待局部皮肤发痒或起泡，患者感觉灼痛时，即可取下。

临床应用：蒜泥灸具有解表散寒、行滞消积、解毒杀虫、健运脾胃、消炎抗菌等功效，适用于脘腹冷痛、痢疾、泄泻、肺痨、百日咳、感冒、痈疖肿毒、肠痈、鲜疮、蛇虫咬伤、钩虫病、蛲虫病、带下阴痒、疟疾、喉痹、水肿等。

具体应用举例：①生大蒜捣烂如泥外敷于涌泉穴，可治疗鼻衄不止。②蒜泥敷于合谷、鱼际穴，可治疗喉痹。③于发作前 3 ～ 4 天用蒜泥敷灸内关或间使穴，可治疗疟疾。④大蒜 60 克、轻粉 3 克共捣如泥，敷于经渠穴，可治疗牙痛。⑤蒜泥敷合谷穴，可治疗扁桃体炎。

注意事项：大蒜辛辣而有刺激性，捣敷皮肤有发泡作用，天灸的效果明显，但皮肤过敏者慎用。

甘　遂

峻下逐水药。又称漂甘遂、猫儿眼。始载于《神农本草经》。大戟科植物甘遂的干燥块根。

◆ 产地和分布

甘遂产于中国河南、山西、陕西、甘肃和宁夏。生长于荒坡、沙地、田边、低山坡、路旁等。

甘遂植株

春季开花前或秋末茎叶枯萎后采挖，撞去外皮，晒干。商品药材主要来自野生或栽培。

◆ 性状

甘遂呈椭圆形、长圆柱形或连珠形，长 1～5 厘米，直径 0.5～2.5 厘米。表面类白色或黄白色，凹陷处有棕色外皮残留。质脆，易折断，断面粉性，白色，木部微显放射状纹理；长圆柱状者纤维性较强。气微，味微甘而辣。

◆ **药性和功用**

甘遂味苦，性寒，有毒，归肺、肾、大肠经。具有泻水逐饮、消肿散结功能，用于水肿胀满、胸腹积水、痰饮积聚、气逆咳喘、二便不利、风痰癫痫、痈肿疮毒。

◆ **成分和药理**

甘遂主要含有二萜类、三萜类等，具有抗病毒、抗肿瘤、抗生育、抑制细胞分裂、杀虫、抗氧化、促进肠蠕动等作用，但对口腔、胃肠道及皮肤黏膜具有严重刺激性。

甘遂花

◆ **用法和禁忌**

甘遂泻下逐饮力峻，药后可连续泻下，使潴留水饮排泄体外。凡水肿、大腹臌胀、胸胁停饮，正气未衰者，均可用之。可单用研末服，或

中药甘遂

与牵牛子同用；也可与大戟、芫花为末，枣汤送服。另可与大黄、阿胶配伍治疗妇人少腹满如墩状，小便微难而不渴。甘遂亦有逐痰涎作用，临床上以甘遂为末，入猪心煨后，与朱砂末为丸服，可用于风痰癫痫之证。外用还能消肿散结，治疮痈肿毒，可用甘遂末水调外敷。现代临床用化瘀膏（青核桃枝、三七、甘遂、生甘草）外贴，治疗乳腺肿瘤。

入丸、散服，每次 0.5～1.5 克，因有毒，内服醋制用，以减低毒性；外用适量，生用。虚弱者及孕妇忌用。不宜与甘草同用。

第 **4** 章
辣椒产地

武城县

中国山东省德州市辖县。

位于山东省德州市境西南部。截至 2018 年，辖广运街道 1 个街道，武城镇、老城镇、鲁权屯镇、郝王庄镇、甲马营镇、四女寺镇、李家户镇 7 个镇。面积 748 平方千米。常住人口 35.37 万（2022），包括汉族、回族等民族。地区生产总值 203.6 亿元（2022）。县人民政府驻广运街道。战国为赵武城邑，为防御强齐入侵，遂筑城屯兵，武城由此得名。西汉（公元前 202～公元 8）初年设东武城县，西晋太康（280～289）年间去东字称武城县。1958 年并入夏津县，隶属聊城专区。1961 年夏津县、武城县分立，武城县隶属德州专区。

地处黄河下游冲积平原，地势平坦，自西南向东北倾斜，周围高中间低，海拔 21.8～30.5 米。河流有卫运河、漳卫新河、六五河、旧城河、六六河、利民河等。属暖温带半湿润季风气候，年平均气温 12.7℃，平均年降水量 583 毫米。有十年九旱的气候特点，干旱为主要气象灾害，其他气象灾害有洪涝、连阴雨、大风、冰雹、干热风、霜冻等。土壤以潮土类为主。植被主要为人工植被。

农业主产棉花、玉米、小麦、谷子、西瓜、香椿等，是国家商品粮基地县，有中国辣椒之乡、食用菌之乡美誉。工业已形成汽车及汽车零部件、新材料（玻璃钢）、新能源空调三大主导产业。德上高速、105国道、254省道、318省道等过境。武城人杰地灵、人文荟萃，孔子高徒子游曾在武城为官，还是中国历史上第一个状元孙伏伽的故乡，武城籍古代状元有16名。沉积着丰厚的文化底蕴，武城架鼓、姑嫂坟传说、四女寺传说、运河船工号子、抬花杠等被列为非物质文化遗产，文化节日有德州国际辣椒节、古贝春酒文化节。名胜有四女寺水利枢纽、农业展览馆、弦歌湖、古贝春工业旅游园区、运河古镇文化旅游风景区等。

岐山县

中国陕西省宝鸡市辖县。

位于宝鸡市中东部。截至2019年，辖益店镇、蒲村镇、青化镇、枣林镇、雍川镇、凤鸣镇、蔡家坡镇、京当镇、故郡镇9个镇。面积855平方千米。常住人口35.38万（2022）。地区生产总值170.59亿元（2022）。县人民政府驻凤鸣镇。

◆ 建制沿革

岐山是中华民族文化的发祥地之一。古有炎帝。西周属王畿。秦属内史地。西魏设岐山郡。隋改名扶风郡，开皇十六年（596）设置岐山县。唐贞观八年（634）岐山县移至今址。1958年并入凤翔县。1961年复置岐山县。1971 年隶属宝鸡市。

◆ 自然地理

地处关中平原与陕北黄土高原的过渡地带，北有岐山，中为平原。地势自西北向东南倾斜。渭河、石头河侵蚀切割地表，使县境具有"两山夹一川、两水分三塬"的地貌特征。流经境内的河流有渭河、洋河、七星河等。属暖温带大陆性半湿润季风气候，年平均气温 11.9℃，平均年降水量 631.5 毫米。矿藏有铁、磷、镁、石英石、大理石、石灰岩等。

◆ 经济概况

农业以种植小麦、玉米、水稻、油菜等作物为主，兼种谷子、豆类、高粱和薯类，为国家商品粮基地县。盛产辣椒、苹果，是著名的秦椒生产基地县。特产有凤鸣酒、竹器等。工业门类以汽车制造、机电、水泥、食品、纺织、印刷等为主。陇海铁路、西宝高速公路、310 国道、西宝公路、109 省道并行穿越县境。岐山素有中国青铜器之乡之称，被金石学家誉为晚清四大国宝的大盂鼎、毛公鼎及小盂鼎皆出土于岐山。

五丈原诸葛亮庙风景区

◆ **名胜古迹**

县境内有周公庙、三国古战场遗址、五丈原诸葛亮庙风景区、宋太平寺塔等古迹、崛山森林公园风景名胜区，以及西岐民俗村等民俗区。

兴平市

中国陕西省辖县级市。由咸阳市代管。

位于咸阳市南部。截至 2021 年，辖东城街道、西城街道、店张街道、马嵬街道、西吴街道 5 个街道，赵村镇、桑镇、南市镇、庄头镇、南位镇、汤坊镇、丰仪镇、阜寨镇 8 个镇。面积 496 平方千米。常住人口 48.91 万（2022）。地区生产总值 301.81 亿元（2022）。市人民政府驻东城街道。

◆ **建制沿革**

夏、商称犬丘邑。周名犬丘。秦设废丘县。汉高祖二年（前 205）改设槐里县；建元二年（前 139）析槐里县东部于茂乡（今西吴乡窦马村）置茂陵县；始元元年（前 86）析置平陵县。东汉右扶风治由长安迁至槐里。三国魏撤销茂陵县、平陵县，设始平县。北周时将槐里并入始平县。隋大业九年（613）始平县城迁至今址。唐景龙四年（710）改始平县为金城县；至德二年（757）在此置兴平军，后更名为兴平县。1993 年撤兴平县、设兴平市，由咸阳市代管。

◆ **自然地理**

地处关中平原中部。地势西北高、东南低，南部为渭河阶地，北部为黄土台塬。渭河于市境南界东流，渭高干渠、渭惠渠及支渠自西向东从市境流过。属暖温带半湿润半干旱大陆性季风气候，年平均气温 13.1℃，平均年降水量 598 毫米。土壤类型有垆土、黄土、潮土和淤土。

◆ **经济概况**

农业以种植小麦、玉米、棉花等作物为主，是国家商品粮基地市。盛产辣椒、大蒜，有关中白菜心和辣蒜之乡的美称。工业有机械、化肥、玻璃纤维等门类，形成了装备制造、化工、食品加工、纺织四大支柱产业。陇海铁路、西宝公路过境，西兰公路从北部穿过。

◆ **名胜古迹**

有汉武帝茂陵及霍去病、霍光、卫青墓等陪葬墓冢，以及唐代杨贵妃墓和北塔等。

茂陵

凤翔区

中国陕西省宝鸡市辖区。

位于宝鸡市中部。截至 2022 年，辖城关镇、虢王镇、彪角镇、横水镇、田家庄镇、糜杆桥镇、南指挥镇、陈村镇、长青镇、柳林镇、姚家沟镇、范家寨镇 12 个镇。面积 1229 平方千米。常住人口 37.43 万（2022）。地区生产总值 285.29 亿元（2022）。县人民政府驻城关镇。

◆ 建制沿革

商为岐周地。西周称雍城。东周为秦国都。战国秦置雍县。唐因古代地理著作《方舆胜览》中的"凤鸣于岐，翔于雍"而更名为凤翔县，宝应元年（762）并入天兴县。金大定十九年（1179）复称凤翔县。1949 年属宝鸡专区。1969 年属宝鸡市。

◆ 自然地理

地处关中平原与黄土高原的过渡地带，北枕千山，为山地丘陵；南临渭水，为黄土台塬。地势西北高、东南低。河流属渭河水系，有千河、雍水河、横水河等河流流经县境。属暖温带大陆性季风气候，年平均气温 11.5℃，平均年降水量约 600 毫米。矿藏有石灰岩、镁矿、白垩土。

◆ 经济概况

农业以种植小麦、玉米、高粱等作物为主，盛产辣椒和苹果。工业有酿造、化工、纺织、造纸、机械、建材、陶瓷、皮革等门类。产于县内柳林镇的西凤酒为中国名酒，驰名中外。县境有西（安）宝（鸡）、宝（鸡）麟（游）、凤（翔）千（阳）3条干线公路与12条支线公路相接，有宝平高速公路通过县境。有宝中铁路过境，设有凤翔火车站。县城距离宝鸡机场7.4千米。

凤翔区泥塑村

◆ **文化名胜**

为中国著名的民间工艺美术之乡，拥有青铜器之乡和西凤酒乡的美誉。秦文化、凤文化、民间文化、苏轼文化、凤酒文化、佛教文化、西府饮食文化和读耕文化八大文化为凤翔区历史文化的精粹所在。民间美术、木版年画、烟花、纸炮、泥塑、草编、刺绣、剪纸等久负盛名。名胜古迹有东湖公园、秦穆公墓、雍城遗址、秦公陵园等。

陇　县

中国陕西省宝鸡市辖县。

位于宝鸡市西北部，西、北与甘肃省毗邻。截至2022年，辖城关镇、东风镇、八渡镇、温水镇、天成镇、曹家湾镇、固关镇、东南镇、河北镇、新集川镇10个镇。面积2279平方千米。常住人口20.17万（2022），包括汉族、回族、满族等6个民族。地区生产总值114.94亿元（2022）。县人民政府驻城关镇。

◆ **建制沿革**

夏、商，为雍州之域。周为秦汧邑。秦孝公十二年（前350）推行县制，改汧邑为汧县。北魏为陇东郡与东秦州治。西魏改陇州，其后历朝州县建制多有变更。1913年改陇州为陇县。

◆ **自然地理**

境内地势西高、东低，山峦起伏，台塬广布。关山海拔2468米，为境内最高点。河流属黄河水系，主要河流有千河、北河等。属暖温带大陆性季风气候，年平均气温10.7℃，平均年降水量600毫米。为陕西省五大林区（秦岭、巴山、关山、乔山、黄龙山）之一。植物种类繁多，有1042种。其中，药用植物有当归、党参、黄芪等。动物资源丰富，

关山草原

被列入国家重点保护野生动物名录、属国家Ⅱ级保护动物的有鸳鸯、锦鸡等。矿藏有煤炭、石墨、石英、大理石、陶土等。

◆ 经济概况

农业以种植小麦、玉米、油菜、烤烟等作物为主，畜牧业以养殖奶牛、奶羊为主，盛产辣椒、烤烟、苹果、蜂蜜等。土特产主要有核桃、板栗、生漆、木耳。工业门类以乳制品、水泥、化工、造纸为主。宝天公路、宝平公路和宝中铁路过境。

◆ 文化与名胜

陇县民俗文化别具一格，主要有陇县社火、脸谱、民间布制工艺品、刺绣品、皮影、花灯、窗花等。其中，陇县社火和皮影独树一帜，有民间艺术宝库之誉。特色小吃种类众多，尤以马蹄酥、宁果、御京粉、油旋、搅团、另汤面等最为著名。名胜古迹有秦长城、汉大散关、景福山、药王洞、龙门洞、关山草原等。

新墨西哥州

美国西部山区一州。

北界科罗拉多州，西毗亚利桑那州，东、南邻俄克拉何马州和得克萨斯州，西南与墨西哥接壤。面积314917平方千米，为美国第五大州。人口211.75万（2020），其中白人占50.95%，原住民占10.02%，黑人占2.17%，亚裔占1.77%，混血种人占19.94%。全州约2/5人口为不同种族的西班牙裔，主要是墨西哥人。最大城市阿尔伯克基都市区集中全州约2/5人口。首府圣菲。境内地形复杂，地势较高，平均海拔1740

米。南落基山脉分成两支伸入中北部，地势高峻，惠勒峰海拔 4011 米，是全州最高点；中南部为落基山余脉，断块山地与盆地交错分布。东部是美国中部大平原的延伸部分，称埃斯塔卡多平原；西部则是科罗拉多高原的一部分。主要河流格兰德河自北向南纵贯中部，还有佩科斯河、加拿大河、圣胡安河等。亚热带干旱与半干旱气候，温和干燥，日照充足。年平均气温 10 ～ 16℃，昼夜和冬夏温差较大；年降水量一般为 200 ～ 500 毫米，北部山区降水较多。自然植被以干草原和荒漠为主。森林覆盖率 21%。

早期为印第安人居留地。1540 年，西班牙人 F.V.de 科罗纳多率探险队到此。1598 年在圣胡安村建立第一个白人定居点。在西班牙殖民统治下，1610 年和 1706 年又先后建立圣菲和阿尔伯克基。1821 年墨西哥摆脱西班牙殖民统治独立后，将新墨西哥并入版图。1846 ～ 1848 年美墨战争后，该地归属美国。1912 年加入联邦，成为美国第 47 州。美国经济发展水平相对较低的州。农业用地 1800 万公顷，大部分为牧场。农业收入的 3/4 以上来自畜牧业，以养牛和养羊为主。种植饲料作物和水果、蔬菜等，以盛产辣椒著称。矿业兴起于 1879 年第一条铁路通达后，现为美国主要矿业州之一。天然气、石油、煤等燃料矿是矿业产值的主体；其次是铜和钾碱，后者产量居美国首位；还有金、银、铀等矿。传统工业为食品加工、建材等。第二次世界大战以来，军火生产带动制造业发展。1945 年，世界第一颗原子弹在圣菲西北的洛斯阿拉莫斯实验室研制成功，并在南部白沙沙漠进行了美国最早的核试验。现主要制造业部门有电子、运输设备、医疗器材、机械、炼油等。交通运输以公路为主。公路总长 12.49 万千米，其中 1608 千米属联邦州际公路系统（2018）；货运铁路总长 3024 千米（2017）。有 10 个主要机场（2018）。阿尔伯克基是全州的工业中心和交通枢纽。旅游业发展较快。州内保留印第安和西班牙文化传统，多处被联合国教科文组织列入《世界遗产名录》的胜地，如卡尔斯巴德洞窟国家公园、查科文化国家历史公园和陶斯印第安村落。设有公立高等院校 17 所，私立 15 所（2018），包括新墨西哥大学、新墨西哥州立大学等。

第 5 章
忌辣的疾病

牙 痛

牙痛是发生于牙齿及牙龈的疼痛。口齿疾病常见症状之一，牙齿或牙周疾病都会产生牙痛。

《外科证治全书》中记载："齿痛多在内床，内床主嚼，劳而易伤。若是肾虚，摇动不痛，痛则必是风、火、虫。风从外入，火自内出，虫又风之所化，而风痛居多。"牙痛可因风火毒邪侵犯，伤及牙体，邪聚不散，或胃火素盛，循经上扰牙床，伤及龈肉，或肾阴亏损、虚火上炎，灼烁牙龈所致。

临床常见证型：①风热牙痛。症见牙齿疼痛呈阵发性，遇风发作，患处得冷则痛减，受热则痛增，牙龈红肿，全身或有发热、恶寒、口渴、舌红、苔白、脉浮数。治宜疏风清热、解毒消肿，方用薄荷连翘方加减。②胃火牙痛。症见牙齿疼痛剧烈，牙龈红肿较甚，或出脓渗血，肿连腮颊，头痛，口渴引饮，口气臭秽，大便秘结，舌苔黄厚，脉象洪数。治宜清胃泻热、凉血止痛，方用清胃散加减。若胃火上蒸，齿龈出血，宜清胃凉血，可选用竹叶、鲜芦根、西瓜翠衣、绿豆、丝瓜络、薄荷、石膏、鲜地黄、金银花。③虚火牙痛。症见牙齿隐隐作痛或微痛，牙龈微红微肿，久则龈肉萎缩，牙齿浮动，咬物无力，午后疼痛加重。可兼见腰膝酸疼，头晕眼花，口干不欲饮，舌质红嫩、苔薄白，脉多细数。治宜滋阴益肾、降火止痛，方用知柏八味丸或左归丸。

外治法：①含漱法，用白芷、荜茇、高良姜、细辛煎汤漱口，每日3次。②针灸，针刺止痛疗效颇著，取穴：合谷、下关、颊车、风池、太阳、内庭、太溪、行间、太冲、牙痛穴（位于掌面第3、4掌骨距掌横纹1寸处）。每次2～3穴，强刺激捻转泻法。每天1～2次。耳针取面颊、屏尖敏感压痛点，捻转后留针15～30分钟，如需持续止痛可作耳针埋藏。

由于进食及食物的刺激每能使牙痛增剧，因此对牙痛患者的护理要注意饮食方面的调节。饮食不宜过热过凉，要富有营养且易于消化，最好进食流质或半流质。宜清淡食物，忌辛辣煎炒及过酸过甜。注意口腔卫生，每日最少早晚各刷牙一次，除去牙面和牙间隙中污垢及食物碎屑，保持牙齿洁净，是防治牙疾的重要措施。

燥　咳

燥咳以呛咳阵作，干咳无痰或少痰，鼻咽干燥，咽喉痒痛等为主要临床表现的病证。

本病多因燥邪伤肺或肺津液耗伤，导致肺的向上升宣、向外周布散及向内向下清肃通降功能失调而产生。

历代文献中，对燥咳的病名、病因病机都有记载，如《症因脉治·伤燥咳嗽》载："天行燥烈，燥从火化，肺被燥伤，则必咳嗽。"《金匮翼·咳嗽统论》载："肺燥者，肺虚液少而燥气乘之也。其状咳甚而少涎沫，咽喉干，气哽不利。"

现代医学中上呼吸道感染、急慢性咽炎、急慢性支气管炎、病毒性肺炎、间质性肺炎及支原体肺炎等疾病中具有类似症状者，均可参考燥咳治疗。

◆ **病因病机**

外感所致的燥咳，多与燥邪有关，常在秋季发作，秋季气候干燥，燥邪伤肺，灼烧肺之津液，津液亏耗，不能滋养润肺，而发为咳嗽。若夹杂温邪伤肺则为温燥；若夹杂寒邪伤肺，则为凉燥。

内伤所致的燥咳，多见于阴虚之人，阴虚者多内伤，津液耗伤，血脉干燥，为津亏血燥之体，肺络失于润养，其向内向下清肃通降的作用失调，肺气不降反而上逆，发为燥咳。

◆ **辨证论治**

首先当辨外感内伤。外感所致的燥咳多为新病，常见外感症状虽易好转，但咳嗽仍然不止，且可能越发加重，多以呛咳为主，症状为无痰或少痰，咽痒咽痛。凉燥常兼见风寒表证，温燥常兼见风热表证。内伤所致的燥咳多见于反复咳喘、有咯血病史之人或老年阴虚肺燥者，多为久病、虚证，以干咳为主，咳声短促，声音嘶哑，无痰或少痰，甚则痰中带血，伴有五心烦热，潮热盗汗等症状。治法上，外感燥咳，祛邪治标为主，当疏风清肺，润燥止咳；内伤燥咳以益气养阴，润肺止咳为要。

◆ **外感燥咳**

常见证型：①凉燥证。症见恶寒重、发热轻，头痛，无汗，口、鼻、咽干燥，咳嗽痰少，舌苔薄白而干，脉浮紧。治宜温肺解表、润燥止咳，方用杏苏散加减。②温燥证。症见干咳无痰或少痰，痰黏难咳，身热头痛，鼻唇干燥，咽喉干痛，心烦口渴，重者也可见咳剧气喘，脉微数，苔薄白，舌面少津或无津，舌质偏于红绛。治宜辛凉解表，润肺止咳，方用桑杏汤合清燥救肺汤加减。

◆ **内伤燥咳**

症见干咳阵作，咳声短促，声音嘶哑，痰少黏白，咳剧时可能夹杂血丝，口干咽燥，潮热盗汗，五心烦热，舌红苔薄，脉细。治宜养阴润肺止咳，方用沙参麦冬汤。

◆ **预防与调护**

燥咳患者饮食应以清淡为宜，忌食辛辣、鱼腥等，以防燥物烧灼肺脏；应注意气候变化，做好防寒保暖，避免着凉；要适当休息，多饮开水，避免食物或其他因素如过多哭闹、喊叫、烟尘刺激等刺激咽喉部。若正常治疗，适当防护，本病的预后较好，一般无后遗症。

肺 痨

肺痨是以咳嗽、咯血、潮热、盗汗及身体逐渐消瘦为主要临床表现，具有传染性的慢性消耗性疾病。

中医古代文献认为，肺痨为痨虫侵蚀于肺所致，为传染性疾患，病程较长。在文献中，本病有尸疰、劳疰、虫疰、毒疰、传尸等名称，指出其有传染性；而根据其临床特点，本病还有肺痿疾、骨蒸、伏连、劳嗽、急痨等名称。汉代的《金匮要略》将本病归属于虚劳。隋代的《诸病源候论》命名为肺痨。宋代的《三因方》与《济生方》都有痨瘵篇，明确了肺痨与虚劳和其他疾病的不同。《仁斋直指方》中已提到治疗瘵疾须杀瘵（痨）虫。元代葛可久的《十药神书》为治疗肺痨的第一部专著。《丹溪心法》确认肺痨属阴虚之证，治以滋阴降火。明代《医宗必读》提出治疗肺痨须同时杀虫与补虚。至此，肺痨的理法方药已日臻完备。本病与现代医学的肺结核基本相同。

◆ **临床表现**

患者初期仅感觉疲劳乏力、干咳、食欲不振，临床以咳嗽、咯血、午后潮热、夜间盗汗及身体逐渐消瘦为主要表现。

◆ **病因病机**

肺痨的致病因素有内因和外因。外因系指感染痨虫，痨虫入侵为患。内因系指先天禀赋不足，后天失于调养，正气不足，抗病能力低下。病理性质主要为阴虚，并可导致气阴两虚，甚则阴损及阳。肺痨病位在肺，并可影响到其他脏器和整体，故有"其邪辗转，乘入五脏"之说。

◆ **辨证论治**

肺痨的辨证当辨病变脏腑及病理性质。病变脏腑主要在肺，病理性质以肺阴虚为主。久病肺损及脾，以气阴两伤为主；肺肾两伤，元阴受损，则表现为阴虚火旺之象；阴虚日久导致阳虚，表现为阴阳两虚。

论治原则：补虚培元、抗痨杀虫是治疗的两大原则。补虚培元，旨在增强正气，提高抗病能力。以调补肺脏为主，同时补益脾肾。以滋阴为主，兼以降火，合并气虚、阳虚者，则当兼顾益气、温阳。抗痨杀虫是对本病特异病因进行治疗。正如《医学正传·劳极》所说："治之之法，一则杀其虫，以绝其根本；一则补虚，以复其真元。"

常见证型：①肺阴亏损证。症见干咳无痰，咳声短促，或咯少量白色黏痰，或痰中带有鲜红血丝，胸部隐痛，午后自觉手足心热，或盗汗，皮肤干燥灼热，口干咽燥，疲倦乏力，纳差，苔薄白，边尖红，脉细数。治宜滋阴润肺、清热杀虫，常用月华丸加减。②虚火灼肺证。症见呛咳气急，痰少质黏，或咳吐黄黏痰，时时咯吐鲜血，午后骨蒸潮热，五心烦热，颧红，盗汗，口渴，心烦，失眠，或见性情急躁易怒，或胸胁抽掣样疼痛，男子可见遗精，女子可见月经不调，形体日渐消瘦，舌红而干，苔薄黄而剥，脉细数。治宜补益肺肾、滋阴降火，常用百合固金汤合秦艽鳖甲散加减。③气阴耗伤证。症见无力咳嗽，气短声低，痰中偶或夹血，血色淡红，午后潮热而热势不高，伴有畏风，面色㿠白，颧红，少量盗汗或自汗，纳少，神疲，食欲不振，舌质光淡，边有齿痕，苔薄，脉细弱而数。治宜养阴润肺、益气健脾，常用保真汤加减。④阴阳两虚证。症见咳嗽，喘息急促，气短少气，咳痰色白有沫，或夹少量血丝，血色暗红，形体消瘦，潮热骨蒸盗汗，或头面四肢浮肿，声音嘶哑或失音，心悸，口唇发绀，形寒肢冷，或见五更泄泻，口舌生疮，大肉尽脱，或男子遗精、阳痿，女子闭经，舌光质红少津，或舌淡体胖，边有齿痕，脉细而数，或虚大无力。治宜滋阴补阳、培元固本，常用补天大造丸加减。

◆ **预防与调护**

肺痨具有传染性，故应注意预防，接触患者时，应戴口罩。对肺痨患者应注意隔离。嘱患者勿随地吐痰，病室应经常通风。要禁烟酒，节起居，禁恼怒，慎寒温，适当进行体育锻炼。增强饮食调养，忌辛辣饮食，可常食白木耳、百合、山药、梨、藕等补肺润燥生津之品。

失　音

失音是以语声嘶哑甚至声音不出为主要临床表现的病证。

《黄帝内经》将失音称作"瘖"或"喑"。失音的病因，可归为两大类：一为外感，二为内伤。失音有新久之别，新病多因外感风寒燥热或痰热内蕴而发病；久病则多属肺肾阴虚，津不上承而致。现代医学的急慢性喉炎、声带病变、癔病性失音等疾病，可参照本病证治疗。

◆ **病因病机**

失音可分为暴瘖和久瘖。暴瘖多属外感，发病较急多由于风寒或风热之邪侵袭肺脏，肺气不能向上升宣、向外周布散；或感受燥热之邪，灼烧津液；或嗜食肥腻、饮酒吸烟而致痰热内生，而导致突然失音。久瘖多属内伤，缓慢起病，多由久病体虚、肺燥津伤，或肺肾阴虚，声道燥涩而致。

◆ **辨证论治**

根据疾病发生的新久、缓急及临床表现，失音有风寒、风热、痰热之分，和肺虚、肾虚之别，应详加审视，辨证论治。

常见证型：①风寒束肺证。症见猝然声音嘶哑，恶寒发热，无汗，或兼咳嗽，鼻塞，流清涕，咽痒，舌质淡，苔薄白，脉浮紧。治宜辛温解表，常用三拗汤加减。②风热闭肺证。症见发热，恶风，咽干咽痛，咳嗽，咳痰不爽，舌边尖红，苔薄白微黄，脉浮数。治宜辛凉解表，常用桑菊饮合银翘散加减。③外寒内热证，俗称寒包火。症见恶寒发热，无汗或少汗，咽痛，口渴，咳嗽，咳痰不爽，舌红，苔薄黄，脉浮滑数。治宜表散风寒，兼清里热，常用麻杏石甘汤加减。④燥热伤肺证。症见声音嘶哑，鼻咽干燥，口渴喜冷饮，周身燥热，干咳无痰，或痰黏难咳，或痰中夹血丝，舌质红，苔黄而干，脉细数。治宜清热润燥，常用桑杏汤、清燥救肺汤加减。⑤痰热壅肺证。症见面赤身热，咽痛，口干喜冷饮，烦躁，汗出，咳嗽，痰黄黏，舌红，苔黄腻，脉滑数。治宜清泄肺热、化痰利咽，常用清金化痰汤。⑥肝郁气滞证。症见突然音哑，常由情志因素诱发，兼见心烦易怒或喜怒无常，胸闷不适，喜叹息，舌质黯淡，脉弦。多见于中青年女性。治宜养肝宁心，常用甘麦大枣汤加味。⑦瘀血阻络证。症见音哑日久而兼见舌有瘀斑瘀点，胸闷，女性患者兼见月经不调或痛经，脉涩。治宜活血化瘀，常用会厌逐瘀汤。⑧肺肾阴虚证。症见久病声音嘶哑，并逐渐加重，兼见干咳少痰，口咽干燥，或潮热盗汗，耳鸣，心烦失眠，腰膝酸软，形体消瘦，舌红，苔少，脉细数。治宜滋养肺肾、降火利咽，常用百合固金汤加减。⑨脾肺气虚证。症见气虚乏力，声音逐渐嘶哑，疲倦气短，懒于言语，纳食欠香，大便稀溏，自汗，舌淡，边有齿痕，脉弱。治宜益气健脾，常用补中益气汤加减。

其他治法：针刺对实证失音有较好疗效，对癔病性失音者疗效尤其显著。常用穴位为：廉泉、天突、合谷、太溪。慢性咽炎可采用揉按人迎、廉泉、气舍、肺俞，按风府，拿合谷等推拿方法治疗。

◆ **预防与调护**

日常调护需保持情绪稳定、生活规律，忌食辛辣油腻，有烟酒嗜好者宜戒之。因高声唱歌、演讲、悲号等损耗津气而声音嘶哑者，可用玄麦甘桔汤加诃子、胖大海泡茶饮。病愈后，应避免长时间高声说话。

针　眼

针眼是睑缘或胞睑皮肉之间发生局限的小疮疖、可成脓溃破易愈的眼病。俗称偷针。

因胞睑在五轮中属脾，脾属土，故明代《证治准绳》称土疳，清代

《目经大成》称土疡。相当于现代医学的睑腺炎。针眼与眼丹病因相同，且均生于胞睑肉轮。但针眼较轻，多呈局限的小疖；眼丹较重，多呈漫肿的疮毒。

针眼多因风热外袭，结于胞睑肌肤之间，或素嗜辛辣炙煿甘腻之品，湿热内积，循经升发于胞睑，或脾胃虚弱、血气亏损，胞睑失荣。以上均能致使营卫失和，邪热侵袭，罹患本病。

针眼初起时，胞睑缘微痒微痛，局部红肿形如麦粒，继之患处局限焮红疼痛，甚至胞睑浮肿，耳前有肿核压痛。若生于内外眦端，疼痛尤剧，且有白睛浮壅，形若鱼泡，多伴有恶寒发热等症。若成脓，则见睑缘患处有白色脓头，或翻转胞睑之内面见暗红充血。脓成常自行穿破，脓渗溢于外，或翻转胞睑，见有脓溢于其表，痛解肿消而渐愈。也有因挤压不当或脓出不畅，邪毒内陷，酿成疔疮走黄，局部胞睑漫肿。本症也有双眼此起彼伏，反复发作。

临床常见证型：①风热外袭。症见胞睑缘微痒作痛，形如麦粒起尖，或睑微肿微痛，按后痛有定点，脉浮数，苔薄黄。治宜疏风清热，消肿散结，方用银翘散加减。临床应用时要注意分清风重于热、热重于风或风热并重。如风盛者，可加防风、白芷等加强祛风散结作用。如热盛者，可加黄连、蒲公英等加强清热解毒作用，还可配合热敷，常自行消散。②热毒上攻。症见睑缘焮红硬痛，耳前肿核疼痛，伴有发热便秘。治宜清热解毒、消肿止痛，方用仙方活命饮加减。症状重者，可与五味消毒饮合用，增强清热解毒之功。若脓未成，过早切开或自行挤压，酿成邪毒内陷，胞睑漫肿，引及面颊，高热神昏，脉数，苔黄，为热重毒深或热入营血，可与犀角地黄汤合黄连解毒汤配合应用，以助清热解毒，并凉血散瘀。便秘者，可加生大黄以泻火通腑。③脾虚夹实。若反复发作或针眼溃破后脓出不畅，面色不华、神疲，脉细数，舌质淡、苔薄白。治宜健脾益气、扶正祛邪，方用四君子汤加减。若硬结小且将溃破者，加薏苡仁、桔梗、漏芦、紫花地丁以清热排脓。

外治：①点眼药水，局部点抗生素或清热解毒类眼药水。②初起，可在背脊二侧肺俞、膏肓穴附近寻找红点，挑出白色黏液，或耳尖放血。③局部可用清热解毒中药汤剂熏眼以助炎症消散。④已成脓者，当切开排脓。⑤针刺法，常用穴为攒竹、睛明、丝竹空、瞳子髎、阳白、鱼腰、四白、承泣、合谷、列缺、外关等。脾虚者加足三里、脾俞、胃俞等穴。

预防与调护：①注意眼部卫生，不用手或不洁物品擦拭眼部。②清淡饮食，少食辛辣、油腻之品。③针眼属颜面疮疖，切忌挤压，以免转为疔疮。

尿　频

尿频是以小便频数为特征的疾病。

多发于学龄前儿童，尤以婴幼儿时期发病率最高。除初生儿期性别差异不明显外，其他年龄组中女婴的发病率为男孩的 3 ～ 4 倍。《诸病源候论·小儿杂病诸候·小便数候》说："小便数者，膀胱与肾俱有客热乘之故也。肾与膀胱为表里，俱主水，肾气下通于阴。此二经既受客热，则水气涩，故小便不快而起数也。"阐述了尿频的病机。若尿频伴尿痛，则多属于中医"淋证"中热淋的范畴。西医学西医尿路感染、白天尿频综合征等疾病可参考尿频论治。

◆ **病因病机**

尿频的病因多为湿热；病位在肾与膀胱；基本病机为湿热之邪蕴结膀胱，或素体脾肾不足，膀胱气化失司。湿热之邪蕴结膀胱者，以实证为主；若因素体脾肾不足，膀胱气化失司所致者，则以虚证为主。

◆ **辨证论治**

尿频，主要根据病势急缓、病程长短、小便颜色、伴随表现之不同，辨别虚实之证。实证者，治疗以清热利湿为基本法则；虚证者，治疗以温补脾肾为基本法则。病程日久或反复发作者，多为本虚标实、虚实夹杂之候，治疗要标本兼顾，攻补兼施。常见证型：①湿热下注。证见：起病较急，小便频数、短赤，尿液混浊，尿道灼痛，腰部酸痛，婴儿则时作啼哭。常伴发热，烦躁口渴，头痛身痛，恶心呕吐，口苦口黏，舌质红，苔黄腻，脉滑数，指纹紫。治宜清热利湿，常以八正散加减。②脾肾气虚。证见：病程日久，反复不愈，小便频数，面色苍黄，食欲不振，甚则畏寒怕冷，手足不温，腰膝酸痛，大便稀薄，眼睑浮肿，舌质淡或有齿痕，苔薄腻，脉细少力。治宜温补脾肾，常以缩泉丸加味。

◆ 预防与调护

加强宣教，注意个人卫生。婴幼儿期注意外阴护理，大便后勤洗臀部，勤换尿布，尽早穿封裆裤。培养小儿定时排便、及时排尿的习惯，防止便秘或憋尿。早发现并及时治疗尿路结构异常如男孩包茎等。发热病人饮食宜清淡，忌食辛辣刺激食品。急性期患儿宜卧床休息，尽量多饮水，增加排尿次数。

麻　疹

麻疹是以发热、咳嗽、鼻流清涕、泪水汪汪、满身布发红疹为临床特征的呼吸道传染病。又称肤疮、糠疮、疮疹。

麻疹好发于冬春两季。多见于儿童，尤以 6 个月至 5 岁的婴幼儿最多。患过一次病后可终生不再发此病。麻疹病名首见于明代龚信《古今医鉴》和吕坤《麻疹拾遗》两书。《小儿药证直诀·疮疹候》云："面燥腮赤，目胞亦赤，呵欠顿闷，乍凉乍热，咳嗽喷嚏，手足稍冷，夜卧惊悸，多睡，并疮疹证，此天行之病也。"是对麻疹症状的较早详细描写，并指出有传染性。明代《片玉痘疹》将麻疹与奶疹作了鉴别，还介绍了护理麻疹的要点。《证治准绳·幼科》将麻疹分为初热期、见形期、收没期，成为后世麻疹分期的基础。在预防方面，《本草纲目》中已有将新生儿脐带煅制后，用乳汁调服的记载。麻疹是儿科古代四大要证"痧、痘、惊、疳"之一，严重危害小儿身体健康。西医学认为麻疹的病原是麻疹病毒，麻疹患者为唯一传染源，传播途径主要是通过空气飞沫直接传播。

◆ 病因病机

病因为外感麻疹时邪；病位主要在肺脾；基本病机为肺脾热炽，外发肌肤。麻毒时邪侵犯肺卫，表卫失和，肺气不宣，表现为肺卫症状，为初热期。麻毒时邪由表入里，邪入肺胃，热毒炽盛，外透肌肤，疹子依次出于全身，达于四末属正气驱邪外泄，为见形期。疹透之后，邪随疹泄，阴津耗伤，为收没期。麻疹以外透为顺，内传为逆，邪入肺胃为病机演变中心。若正不胜邪，麻毒内陷，则可见麻毒闭肺、麻毒攻喉、毒陷心肝等逆证、险证，尤以麻毒闭肺最多见。

◆ 辨证论治

首要辨别顺证、逆证，然后顺证再辨表里，逆证辨脏腑，便可掌握疾病的轻重和预后。治疗以清凉透疹为基本法则。初热期以解表透疹为主，见形期以清热解毒为主，收没期以养阴清热为主。麻疹逆证治疗仍遵透疹、解毒、扶正的原则。如麻毒闭肺，治以清肺解毒，化痰平喘；麻毒攻喉，治以清热解毒，化痰利咽；邪陷心肝，治以解毒开窍，平肝熄风；出现心阳虚衰之险证时，当温阳救逆，扶正固脱。

麻疹顺证：①邪犯肺卫（初热期）。证见发热咳嗽，微恶风寒，喷嚏流涕，两目红赤，泪水汪汪，畏光羞明，咽喉肿痛，神烦哭闹，纳减口干，小便短少，大便不调。发热第 2 ～ 3 天口腔两颊黏膜红赤，贴近白齿处可见麻疹黏膜斑，周围绕以红晕。舌质偏红，舌苔薄白或薄黄，脉象浮数。治宜辛凉透表、清宣肺卫，常以宣毒发表汤加减。②邪入肺胃（见形期）。证见壮热持续，起伏如潮，肤有微汗，烦躁不安，目赤眵多，皮疹泛发，疹点由稀少而逐渐稠密，疹色先红后暗，压之褪色，抚之稍碍手，大便干结，小便短少，舌质红赤，舌苔黄腻，脉数有力。治宜清凉解毒、透疹达邪，常以清解透表汤加减。③阴津耗伤（收没期）。证见皮疹出齐，发热渐退，神宁疲倦，咳嗽减轻，胃纳增加，皮疹依次渐回，皮肤可见糠麸样脱屑，并有色素沉着，舌红少津，舌苔薄净，脉细无力或细数。治宜养阴益气、清解余邪，常以沙参麦冬汤加减。

　　麻疹逆证：①邪毒闭肺。证见高热不退，烦躁不安，咳嗽气促，鼻翼翕动，喉间痰鸣，唇周发绀，口干欲饮，大便秘结，小便短赤，皮疹稠密，疹点紫暗，或疹出未齐，或疹出骤没，舌质红赤，舌苔黄腻，脉数有力。治宜宣肺开闭、清热解毒，常以麻杏石甘汤加减。②邪毒攻喉。证见咽喉肿痛，或溃烂疼痛，吞咽不利，饮水呛咳，声音嘶哑，喉间痰鸣，咳如犬吠，甚则吸气困难，胸高胁陷，面唇发绀，烦躁不安，舌质红赤，舌苔黄腻，脉象滑数。治宜清热解毒、利咽消肿，常以清咽下痰汤加减。③邪陷心肝。证见高热不退，烦躁谵妄，喉间痰鸣甚至昏迷抽搐，皮疹稠密，聚集成片，色泽紫暗，舌质红绛，苔黄起刺，脉数有力。治宜平肝熄风，清营解毒，常以羚角钩藤汤加减。

◆ **预防与调护**

预防麻疹要按计划接种麻疹减毒活疫苗。麻疹流行季节，易感者尽量少去公共场所，减少感染机会。年幼体弱及患病的易感者在接触麻疹病人 5 天内，立即给予免疫血清球蛋白可预防麻疹发病。

麻疹的调护十分重要，若调护得宜，透发顺利，可减少并发症的发生。居室应空气流通，温度、湿度适宜，光线柔和。患儿卧床休息，防止直接风吹，避免受寒。保持皮肤、口、鼻、眼睛清洁卫生，防止感染发生并发症。应供给充足的水分，饮食宜易消化而富有营养，发热出疹期忌油腻辛辣之品，恢复期供给营养丰富食物。患儿隔离至出疹后 5 天，并发肺炎喘嗽者，延长隔离至出疹后 10 天。患儿停留过的房间应通风并用紫外线照射消毒。衣物应在阳光下曝晒。

流行性腮腺炎

由腮腺炎时邪引起的急性时行疾病。临床以发热、耳下腮部肿胀疼痛为特征。

流行性腮腺炎一年四季均可发生，冬春两季较易流行。一般病情较轻，年长儿发病可出现睾丸肿痛、少腹疼痛；病情严重者可见神昏、抽搐，甚至危及生命。中医称之为"痄腮"，因腮部肿大亦称"搭腮肿""腮颔发"；因有传染性而称"时行腮肿""温毒"，又称"颅鹚瘟""蛤蟆瘟"等。西医学认为流行性腮腺炎的病原为腮腺炎病毒，早期患者及隐性感染者为传染源，主要通过空气飞沫传播。感染后可获持久免疫。

◆ **病因病机**

病因为外感腮腺炎时邪；常证以足少阳胆经病变为主，变证病变在足少阳胆经和足厥阴肝经两经；主要病机为腮腺炎时邪壅阻少阳经脉，凝滞腮部。若邪毒内陷心肝，肝风内动，心神蒙蔽，则可出现危重变证。

◆ **辨证论治**

流行性腮腺炎，以经络辨证为主，根据全身及局部症状，以区别常证、变证。常证以少阳经脉病变为主，有轻、重之别。变证病在少阳、厥阴两经。临床表现除腮部肿痛外，邪陷心肝者伴见高热、神昏、项强、肢抽等；邪窜睾腹者，则见睾丸肿痛，或脘腹、少腹疼痛等。治疗以清热解毒，消肿散结为基本法则。

常证：①温毒在表。证见：轻微发热，或头痛，耳下腮部漫肿疼痛，张口不利，咀嚼不便，舌质红，苔薄白或薄黄，脉浮数。治宜疏风清热、消肿散结，常以柴胡葛根汤加减。②热毒蕴结。证见：高热，烦渴，咽红肿痛，或头痛、呕吐，腮部肿胀疼痛，坚硬拒按，张口、咀嚼困难，舌质红，苔黄，脉洪数。治宜清热解毒、软坚散结，常以普济消毒饮加减。

变证：①邪窜睾腹。证见：腮肿渐消，又见发热，一侧或两侧睾丸肿痛，或见少腹疼痛，舌质红，苔黄，脉弦数。治宜清肝泻火、活血消肿，常以龙胆泻肝汤加减。②邪陷心肝。证见：多在腮肿的同时，出现高热不退，烦躁不安，头痛项强，呕吐，嗜睡神昏，四肢抽搐，舌质红，苔黄，脉弦数。治宜清热凉营，熄风开窍，常以清营汤合羚角钩藤汤加减。

◆ **预防与调护**

流行性腮腺炎预防的重点是应用疫苗进行主动免疫。采用麻疹、风疹、腮腺炎三联疫苗，接种后 96% 以上可产生抗体。流行性腮腺炎流行期间，居室应空气流通，少去公共场所，以避免感染。有接触史的易感儿应检疫观察 3 周。

患儿急性期应注意休息，供给充足的水分，饮食易消化而富有营养，忌油腻辛辣及酸性食物。睾丸肿痛者应将肿大的睾丸托起，局部冷敷。患儿应按呼吸道传染病隔离至腮肿完全消退 5 天左右为止。

肛 裂

肛裂是齿状线以下肛管皮肤全层裂开并形成感染性溃疡的疾病。

肛裂多见于青壮年，好发于截石位 6、12 点处，两侧少见，而发于 12 点处的多见于女性。该病常以周期性疼痛，便血，便秘为主要临床特点，中医学属"钩肠痔"范畴。

◆ **病因病机**

《医宗金鉴·外科心法要诀》记载："肛门围绕、折纹破裂、便结者，火燥也。"说明阴虚津液不足或脏腑热结肠燥，而致大便秘结，粪便粗硬，排便努挣，使肛门皮肤裂伤，湿毒之邪乘虚而入皮肤经络，局部气血瘀滞，运行不畅，破溃之处缺乏气血营养，经久不敛而发病。西医学认为，长期的便秘及机械性损伤是导致肛裂的首要因素，肛管后壁承受压力大，肛管外括约肌浅部供血不良等解剖因素，手术及内括约肌痉挛等，均与肛裂的发生有关。

◆ **临床表现**

患者多表现为周期性疼痛，排便时因肛裂裂口内神经末梢受刺激，引起肛管内烧灼样或刀割样疼痛，疼痛刺激使肛门内括约肌收缩而引起持续性疼痛。随时间推移肛门括约肌舒张，疼痛感减轻并逐渐消失，再次排便而出现反复性疼痛。为了减少疼痛次数，患者常忍便，不愿定期排便而导致便秘，干结粪便摩擦裂口则疼痛更加剧烈，从而形成恶性循环。便血亦是该病的常见症状，出血量较少，时有时无，仅表现为纸擦带血或附着于粪便表面，不与大便相混。

◆ **诊断**

患者多有便秘病史，且具有典型的排便—疼痛—间歇—剧痛—疼痛消失的疼痛周期，且与排便密切相关。肛门检查时可见肛管皮肤一梭形溃疡可明确诊断，一般因疼痛不宜行指诊及肛门镜检查。

◆ **治疗方法**

本病的治疗应以纠正便秘、止痛和促进溃疡愈合为目的。对于早期肛裂多采用保守治疗为主。可通过调整饮食、软化大便，或口服清热润燥通便类药物，如凉血地黄汤、麻仁丸、增液汤加减，或选用麻仁润肠丸、苁蓉润肠口服液、乳果糖口服液等成药治疗。肛门局部应保持清洁，便后可予温盐水或苦参汤等利湿解毒类中药坐浴熏洗以改善局部血液循环，亦可予太宁栓、吲哚美辛栓、肛泰软膏等消炎止痛类药物外用；硝酸甘油软膏亦可有效缓解肛管括约肌痉挛性疼痛，改善局部血液循环，促进肛裂愈合。疼痛剧烈者，局部可用长效麻醉药封闭。对于陈旧性肛裂、反复发作者，或经保守治疗效果欠佳时，需行手术治疗，切除肛裂处病灶并同时松解肛门括约肌，以减少术后括约肌痉挛，促进创面愈合。

◆ 预防与调护

养成良好的排便习惯，保持大便通畅，及时治疗便秘。忌食辛辣刺激等食物，饮食中应多含蔬菜水果，防止大便干燥，避免粗硬粪便擦伤肛门。保持肛门部清洁，避免感染。积极治疗肛窦炎，防止感染后形成溃疡。肛周皮肤湿疹、皮炎、肛门瘙痒症等易诱发肛裂，应积极防治。

息肉痔

息肉痔是发生于大肠黏膜上的赘生物。又称大肠息肉。

息肉痔多为良性，根据病变部位不同，可分为直肠息肉、乙状结肠息肉、降结肠息肉、横结肠息肉、升结肠息肉等。该病可单发，亦可多发，超过100枚者，称为息肉病。除家族性及幼年性息肉可见于青少年外，一般多见于中年以后。男、女发病率无显著性差别。

中医学认为息肉的发生与饮食不节、劳倦内伤、情志失调及先天禀赋不足等因素有关。过食肥甘厚味、辛辣醇酒，致湿热内生，湿久化热；或饮食不节，劳倦过度，致脾胃运化功能不足，均可致湿热蕴结，下注大肠，肠道气机不利，经络阻滞，瘀血浊气凝聚，蕴结不散，息肉内生；或先天禀赋不足，或思虑过度，忧思不解，郁结伤脾，脾气不行，水湿不化，津液凝聚，息肉则生。西医学认为该病的发生与饮食、慢性炎症刺激、遗传等因素相关，如长期进食高脂肪、高蛋白、低纤维素类食物可诱发息肉，或肠黏膜长期受到慢性炎症刺激，亦可致肠黏膜上皮异常增生而形成息肉，家族性息肉病患者或与遗传因素有关。

大多数息肉起病隐匿，早期无任何自觉症状，一般多在合并并发症或行结肠镜检查时发现。严重者可出现肠道刺激症状，表现为腹泻或排便次数增多，继发感染时可出现黏液脓血便。便血是临床中最常见的症状之一，血色可呈鲜红色或暗红色，或仅有粪便潜血试验阳性，出血量一般不多。低位直肠息肉若蒂部较长，可脱出肛门外。多数大肠息肉无明显全身症状，多发性息肉可引起出血症状，病程较长可致贫血、腹泻、消瘦等。若息肉较大，可引起肠套叠，出现腹痛、腹胀、便秘、排便习惯改变或肠梗阻等症状。

结合结肠镜下表现及病理学结果可明确诊断。结肠镜检查时可见有蒂或广基样病变，表面为黏膜样组织，单个或多发，病理学检查多为腺瘤性息肉、增生性息肉或炎性息肉。结合息肉的组织学类型、大小、数目及部位选择合适的治疗方案。息肉直径较小、带蒂且位置较高者，可行结肠镜下息肉切除术，包括圈套摘除法、活检钳摘除法等；息肉直径大于 4 厘米且为广基者，可行经腹手术治疗，包括结肠切开息肉切除术、肠段切除术等；若息肉位置较低经肛门可触及、有蒂，可行经肛门息肉切除术；若为多发性息肉局限于某一肠段或全结肠息肉，可行肠段切除术或全结肠切除术。

预防与调护：合理饮食，保持饮食清淡，忌食寒凉生冷，定期行结肠镜检查。

发

发是指发生于皮下、筋膜下、肌间隙或深部蜂窝组织的，病变范围比痈大的急性弥漫性化脓性疾病。是由于痈疽毒邪聚于肌腠，突然向四周散发，或痈、疽（有头疽）、疖、疔的毒邪未能控制，向四周发展所致。

本病临床特点是初起无头、红肿蔓延成片，中心明显、四周较淡、边界不清，灼热疼痛，有的 3～5 天后中央皮肤色褐腐溃、周围湿烂，有的中心虽软而不溃、全身症状明显。类似于现代医学的急性蜂窝织炎。

发病在古代文献中，常和有头疽共同命名，如《外科精义·论五发疽》："夫五发者，谓痈疽生于脑、背、肩、髯、鬓是也。"常见的发病，生于结喉处的称为锁喉痈，生于臀部的称为臀痈，生于手背部的称为手发背，生于足背的称为足发背，生于小腿部的称为腓腨发。

◆ **病因病机**

本病多因风温外袭、饮食不节、情志内伤致使气血滞、热盛肉腐而成；或外伤染毒而成，或由疖、痈、有头疽向四周蔓延而成。

◆ **辨证论治**

本病以清热利湿解毒为主。常见证型：①火毒凝结证。症见局部光软无头、红肿灼热疼痛，迅速蔓延成片，中心明显、四周较淡、边界不清。轻者无全身症状，重者伴恶寒发热、头痛、泛恶、口渴。舌苔黄腻，脉象弦滑、洪数等。治宜疏风清热、行瘀活血。方用仙方活命饮加减。若发于上部，合用牛蒡解肌汤或银翘散；若发于中部，合用柴胡清肝汤；若发于下部，合用五神汤或萆薢化毒汤。②热胜肉腐证。症见局部红热明显、肿势高突、疼痛加剧、痛如鸡啄，按之中软而应指，脓出黄稠、肿消痛减，伴高热、寒战、头痛、口干、便秘、舌质红、舌苔黄、脉数。治宜清热解毒、和营消肿。方用仙方活命饮合透脓散加减。③气血两虚证。症见溃后出脓稀薄、收口缓慢，伴神疲乏力、纳谷不香，舌质淡、苔薄白，脉细。治宜益气养血、托里生肌。方选八珍汤加减。

外治：初起用金黄膏或玉露膏外敷，或用金黄散、玉露散或双柏散、金银花露或菊花露调敷患处。成脓则切开排脓。溃后腐肉未尽，用八二丹、金黄膏或红油膏盖贴，脓腔深者予药线引流；腐尽改用生肌散、白玉膏；疮口有空腔不易愈合者，用垫棉法加压固定。

其他疗法：中成药可用六应丸或六神丸，成人每次10粒，每日3次，吞服；犀黄丸，1～2粒，吞服；小金丹，每次0.6克，每日2次，吞服。病情严重者，应选用敏感抗生素治疗。

◆ 预防与调护

饮食宜清淡，忌食鱼腥、辛辣、肥甘厚腻之品，保持大便通畅。患病高热时卧床休息，初起、成脓期，宜进半流质饮食。积极处理原发病灶。加强劳动保护，及时治疗局部外伤。

痱

痱是常见于夏秋季节或炎热环境下的炎症性皮肤病。又称热痱、痤痱疮。

"痱子"之病早在《黄帝内经》中就有记载。书中称其为"痱"，见于《素问·生气通天论》："汗出见湿，乃生痤痱。"《太平圣惠方》中"夫盛夏之月，小儿肤腠开，易伤风热，风热毒气，搏于皮肤则生痱疮，其状如汤之泼……因以为名，世称为痱子"。本病相当于现代医学的夏季皮炎。婴幼儿及肥胖人易患。

临床特点：常发于头面、颈项、胸背、腋窝、腹股沟等褶皱处，特征为许多针头大小的丘疹或丘疱疹，排列密集而不融合，轻度灼热，瘙痒刺痛。临床根据皮损颜色和部位常分为白痱、红痱、脓痱和深痱。

病因病机：夏日暑热蕴蒸皮肤、汗泄不畅，或体肥多湿多热、湿热阻闭于毛窍所致。

辨证论治：治宜清暑散热、解毒利湿，方用五味清毒饮加减。

外治法：可用痱子粉或六一散、枯矾研成细末，外扑；或用新鲜苦瓜消毒后外搽。瘙痒明显时，可口服抗组胺药。脓痱感染时可选用抗生素治疗。

预防与调护：天气闷热时痱子可成批发出，凉爽时即消散脱皮。平素应保持皮肤清洁；饮食宜清淡，多吃蔬菜水果，少吃肥甘厚味及辛辣刺激性食物；痱子发生后，避免搔抓，防止继发感染。

本书编著者名单

编著者 （按姓氏笔画排列）

万雪琴	马绍尧	马烈光	马蓓蓓
王 东	王丽芝	王德槟	方创琳
申春悌	史 娟	冯 璐	朱大年
乔延江	向 丽	刘 冰	刘 洋
闫小宁	劳爱娜	李 玥	李华山
李红艳	李建生	肖小河	吴晶晶
吴毓林	何文军	邹 丹	邹菊生
张 伟	张 辉	张丽平	张应华
张昌伟	陈 林	陈培安	周婉瑜
胡志刚	钟国跃	侯喜林	洪加奇
徐晓晶	高 月	郭 义	唐汉钧
黄咏贞	黄炜孟	黄雪妮	蒋卫杰
傅承新	曾步兵	谢毓元	雷建军
阙华发	蔡 淦	薛 征	戴乾圜